Karl Wellnitz

Moderne Wahrscheinlichkeitsrechnung

Mit 8 Abbildungen

3., durchgesehene Auflage

Friedr. Vieweg + Sohn · Braunschweig

Verlagsredaktion: Alfred Schubert

ISBN-13: 978-3-528-10809-0   e-ISBN-13: 978-3-322-84375-3
DOI: 10.1007/978-3-322-84375-3

1971

Vorwort

Dieses Bändchen, das vor allem den mathematischen Arbeitsgemeinschaften der 13. Klasse Anregung und Hilfe sein will, kann als Fortsetzung des Beiheftes Nr. 7, „Klassische Wahrscheinlichkeitsrechnung" (Best. Nr. 807), angesehen werden, macht sich jedoch so weit wie möglich unabhängig von diesem.

Der Abschnitt über Zahlenfolgen, Häufungspunkte und Grenzwerte (§ 2) erhebt zwar keinen Anspruch auf Vollständigkeit, bringt jedoch ein klein wenig mehr, als für die folgenden Kapitel von diesen Begriffen gebraucht wird. Der Verfasser glaubt damit einem Bedürfnis der höheren Schulen entsprochen zu haben, da die Behandlung dieses Gebietes auf der Schule vielfach immer noch im argen liegt.

Was die moderne Wahrscheinlichkeitsrechnung selbst anlangt, so sind hier sowohl dem Schwierigkeitsgrad als auch dem Stoffumfang nach Grenzen gesetzt, bei deren Überschreitung dem Ziel, interessierten Schülern einen exakten und in sich einigermaßen abgeschlossenen Einblick in dieses Gebiet zu bieten, nicht gedient würde.

Berlin-Tempelhof, im Februar 1964

Prof. Dr. Karl Wellnitz

Inhaltsverzeichnis

		Seite
§ 1.	Kritik an der klassischen Wahrscheinlichkeitsrechnung	1
§ 2.	Zahlenfolgen, Häufungspunkte und Grenzwerte	4
§ 3.	Der Wahrscheinlichkeitsbegriff bei Richard von Mises	30
§ 4.	Wahrscheinlichkeit a posteriori ohne Forderung der Regellosigkeit	35
§ 5.	Periodische Ereignisfolgen	42
§ 6.	Grundgesetze der Wahrscheinlichkeitsrechnung in moderner Darstellung	46
§ 7.	Die Wahrscheinlichkeit als Grenzwert einer Doppelfolge	61
§ 8.	Statistik	75
§ 9.	Anwendung der Gauß—Laplaceschen Integralformel	79
§ 10.	Fehlerrechnung	83
Tabellen		95
Literatur		99
Namen- und Sachregister		100

§ 1. Kritik an der klassischen Wahrscheinlichkeitsrechnung

Die klassische Wahrscheinlichkeitsrechnung ist heftiger Kritik unterzogen worden. Die Definition der mathematischen Wahrscheinlichkeit als Quotient aus der Zahl der „günstigen" und der Zahl der „möglichen" Fälle setzt voraus, daß sämtliche „möglichen" Fälle erfaßt werden und daß jeder dieser Fälle—wie man sagt—„gleichmöglich" ist. Man mag in vielen Fällen in der Lage sein, die Gesamtheit der „möglichen" Fälle zu erfassen, eine Definition der „Gleichmöglichkeit" kann die klassische Theorie nicht geben. Was dort vorliegt und auch nur vorliegen kann, sind lediglich gewisse Ratschläge darüber, wie man bei praktischen Beispielen vorgehen soll. Ein derartiger, von *Jakob Bernoulli* und *Laplace* angegebener Rat ist das „Prinzip des mangelnden Grundes": Die verschiedenen möglichen Fälle können dann mit Recht als gleichmöglich angesehen werden, wenn kein Grund vorliegt, sie nicht für gleichwertig zu halten. Dieser Grundsatz ist mathematisch selbstverständlich nicht haltbar. Durch *v. Kries* ist er durch das sogenannte „Prinzip des zwingenden Grundes" ersetzt worden: „Die Aufstellung der gleichmöglichen Fälle muß eine in zwingender Weise und ohne Willkür sich ergebende sein." Aber die Anwendung dieses sogenannten Prinzips hat nicht verhindern können, daß auch bedeutenden Mathematikern beim Umgang mit der klassischen Wahrscheinlichkeitsdefinition immer wieder Fehler unterlaufen sind; und das ist kein Wunder. Denn mag auch das Prinzip des zwingenden Grundes dem Prinzip des mangelnden Grundes überlegen sein, von einer Definition der Gleichmöglichkeit kann bei beiden keine Rede sein. Tatsächlich ist mit „gleichmöglich" nämlich nichts anderes als „gleichwahrscheinlich" gemeint. Man erkennt daraus, daß die klassische Definition sich selbst voraussetzt, was einem Zirkelschluß gleichkommt. *Richard v. Mises* weist in seiner Kritik noch mit Recht darauf hin, daß in vielen Fällen gar keine Gleichmöglichkeit vorliegt, dies erkennbar ist und die Gleichmöglichkeit auch nicht geschaffen werden kann. Jedermann weiß zum Beispiel, daß ein nicht ganz regelmäßiger Würfel nicht alle Augenzahlen mit genau gleicher Wahrscheinlichkeit hervorbringen kann und daß dies genau genommen schon für jeden sonst noch so regelmäßigen Würfel gilt, dessen Augenzahlen durch Aushöhlung der Flächen markiert sind. Eine Feststellung der mathematischen Wahrscheinlichkeit ist in solchen Fällen mit Hilfe der klassischen Theorie überhaupt unmöglich, denn sie setzt in jedem Falle das Vorhandensein von „gleichmöglichen" Fällen voraus. Wir werden zeigen, daß die moderne Wahrscheinlichkeitsrechnung die Bedingungen anzugeben vermag, unter denen gegen die Verwendung der klassischen Wahrscheinlichkeitsdefinition mathematisch nichts einzuwenden ist (§ 6, Bemerkung zum Lehrsatz 27). Die berechtigte Kritik an der klassischen Wahrscheinlichkeitsrechnung bezieht sich aber nicht nur auf die Definition der Wahrscheinlichkeit, sondern auch auf manche anderen Dinge, die sich daraus ergeben. Zum Beispiel ist es in der klassischen Theorie nicht gelungen, den so wichtigen Begriff der Unabhängigkeit exakt zu fassen. Das einfache Multiplikationsgesetz der Wahrscheinlichkeitsrechnung setzt aber voneinander unabhängige Ereignisse voraus.

Ebenso werden in manchen innermathematischen Beispielen Schlußfolgerungen gezogen, die nicht haltbar sind. So sagt *Kamke*: „Bisherige Lösungsversuche des *Problems von Tschebyscheff* auf Grund der Wahrscheinlichkeitsrechnung können geradezu als Musterbeispiele fehlerhafter Ableitung gelten." Seine Lösung des Problems, die in § 7 angegeben ist, führt zwar zu dem gleichen Ergebnis wie die klassische (Beiheft 7, § 3, Beispiel 9), sie stützt sich aber, wie wir sehen werden, auf eine andere Voraussetzung.

Richard von Mises ist als erster auf den Gedanken gekommen, der Wahrscheinlichkeitsrechnung eine andere Definition der mathematischen Wahrscheinlichkeit zugrunde zu legen. Er ersetzt die klassische „Wahrscheinlichkeit a priori" durch eine „Wahrscheinlichkeit a posteriori". Er definiert also die Wahrscheinlichkeit nicht von vornherein durch Abschätzung der eventuellen Ergebnisse eines Versuchs, wie es in der klassischen Theorie geschieht, sondern er macht sie von dem Ergebnis einer möglichst langen — gegebenenfalls nur erdachten — Versuchsreihe abhängig. Er stützt sich dabei auf das Gesetz der großen Zahlen (Beiheft 7, § 8). Aber schon hier muß darauf hingewiesen werden, daß seine Annahme mit der Aussage des Gesetzes der großen Zahlen durchaus nicht übereinstimmt, wie sehr oft fälschlich angenommen wird.

Nach dem folgenden, der eigentlichen Wahrscheinlichkeitsrechnung vorausgeschickten Abriß der Theorie der Zahlenfolgen (§ 2), die durch *v. Mises* in den Mittelpunkt jeder Wahrscheinlichkeitsbetrachtung gerückt worden sind, wollen wir in § 3 einen Überblick über den *v. Mises*schen Aufbau geben, mit dem er im Jahre 1919 zum ersten Male an die Öffentlichkeit getreten ist und den er in späteren Vorträgen und Abhandlungen bis in die jüngste Zeit hinein umgearbeitet und ergänzt hat, ohne dabei die Grundsätze seiner Theorie zu verändern.

Die oben erwähnte Kritik trifft aber mehr oder weniger auch alle außermathematischen Beispiele. Man denke an die von *Zermelo* angegebene Methode zur Bestimmung einer gerechten Punktverteilung beim Schachturnier (Beiheft 7, § 7, Beispiel 6), die auf der Anwendung von Wahrscheinlichkeitsgesetzen basiert. Hier wird die Stärke eines Spielers der Wahrscheinlichkeit proportional gesetzt, daß dieser ein Spiel gewinnt.

2

Wie aber soll denn diese Wahrscheinlichkeit nach klassischen Grundsätzen definiert werden? Wo sind hier die gleichmöglichen Fälle? Es ist klar, daß in einem solchen Falle von einem Zahlenwert der Wahrscheinlichkeit erst dann gesprochen werden kann, wenn der Spieler eine genügend große Anzahl von Spielen hinter sich gebracht hat. Damit wird man zwangsläufig zu einer nachträglich bestimmbaren Wahrscheinlichkeit, eben der „Wahrscheinlichkeit a posteriori" geführt.

§ 2. Zahlenfolgen, Häufungspunkte und Grenzwerte

1. Allgemeines über Zahlenfolgen

Definition 1:

> Unter einer **Zahlenfolge** (a_n) verstehen wir jede wohlgeordnete Menge, reeller Zahlen
>
> $$a_1 \ a_2 \ a_3 \ a_4 \ a_5 \ a_6 \ \dots$$
>
> Die einzelnen Zahlen a_n nennen wir die Glieder der Zahlenfolge.

Da man jeder reellen Zahl einen bestimmten Punkt der Zahlengerade umkehrbar eindeutig zuordnen kann, ist jeder Zahlenfolge eine Folge von Punkten der Zahlengerade äquivalent (Abb. 1).

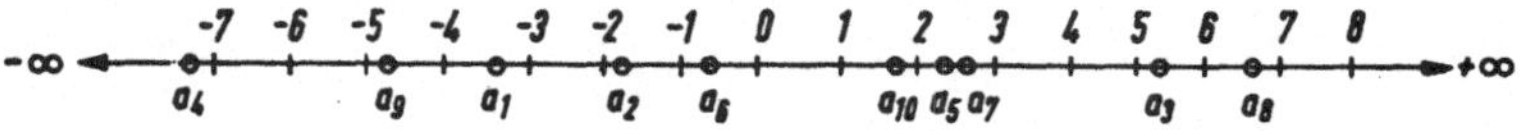

Abb. 1

Unseren Überlegungen werden wir sehr häufig die Punktfolgen zugrundelegen, da sie ein sehr anschauliches Bild der an sich zu behandelnden abstrakten Begriffe zu geben vermögen.

Beispiele von Zahlenfolgen:

a) 3, 5, 7, 9, 11 $\qquad\qquad$ $a_n = 2n + 1; \ 1 \leqq n \leqq 5$

b) 0, 3, 8, 15, 24, 35, 48 $\qquad$ $a_n = n^2 - 1; \ 1 \leqq n \leqq 7$

c) $1, \dfrac{1}{2}, \dfrac{1}{3}, \dfrac{1}{4}, \dfrac{1}{5}, \dfrac{1}{6}, \dfrac{1}{7}, \dfrac{1}{8}, \dots$ $\quad a_n = \dfrac{1}{n}; \ n \geqq 1$

d) 1, 2, 3, 4, 5, 6, 7, 8, ... $\qquad$ $a_n = n$

e) $1, \dfrac{1}{2}, \dfrac{1}{6}, \dfrac{1}{24}, \dfrac{1}{120}, \dfrac{1}{720}, \dots$ $\quad a_n = \dfrac{1}{n!}$

Definition 2:

> Eine Zahlenfolge heißt **endlich** wenn sie ein letztes Glied besitzt; ist dies nicht der Fall, so nennen wir sie **unendlich**.

Bei den Beispielen a) und b) handelt es sich um endliche Folgen; deshalb ist die Formel für das allgemeine Glied a_n durch eine einschränkende

Bestimmung des ganzzahligen Index n ergänzt. Bei den unendlichen Zahlenfolgen (Beispiele c bis e) braucht für n keine nähere Angabe gemacht zu werden; hier gilt stets $n \geq 1$, wie im Beispiel c) noch angegeben.

Definition 3:

> Eine Zahlenfolge (a_n) heißt **monoton zunehmend**, wenn für jedes n die Ungleichung $a_{n+1} \geq a_n$ gilt; sie heißt **monoton abnehmend**, wenn für jedes n die Ungleichung $a_{n+1} \leq a_n$ gilt. Eine Zahlenfolge, die entweder monoton zunehmend oder monoton abnehmend ist, nennen wir **monoton**.

Definition 4:

> Eine Zahlenfolge (a_n) heißt **beschränkt**, wenn es eine Zahl S gibt, so daß für jedes n gilt: $|a_n| \leq S$.

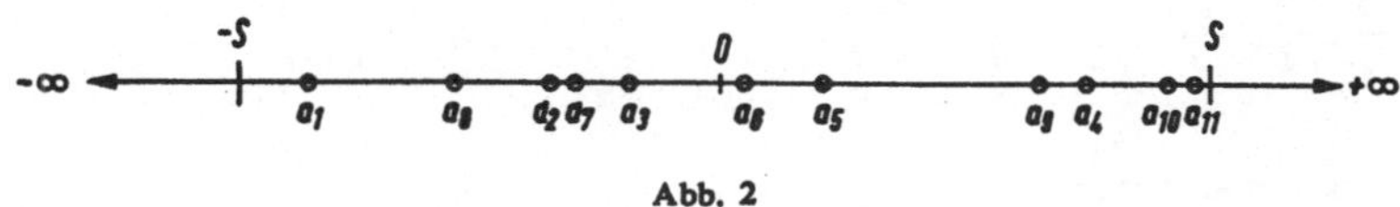

Abb. 2

Nach der Definition 4 ist es ersichtlich, daß der Begriff der unendlichen, beschränkten Zahlenfolge kein Widerspruch in sich ist. Denn das erste Adjektiv bezieht sich auf die Anzahl, das zweite auf die Größe der Glieder der Zahlenfolge.

Definition 5:

> Eine Zahlenfolge, deren Glieder abwechselnd positives und negatives Vorzeichen besitzen, heißt **alternierend**.

Eine endliche Zahlenfolge ist selbstverständlich stets beschränkt. Auch die Eigenschaften der Monotonie und des Alternierens sind für endliche Zahlenfolgen uninteressant. Unsere folgenden Untersuchungen beziehen sich—wenn nicht ausdrücklich etwas anderes gesagt ist—stets auf unendliche Zahlenfolgen.

Weitere Beispiele für Zahlenfolgen:

f) $1, \dfrac{1}{2}, \dfrac{1}{4}, \dfrac{1}{8}, \dfrac{1}{16}, \dfrac{1}{32}, \ldots$ $\qquad\qquad a_n = \dfrac{1}{2^{n-1}}$

g) $-4, \dfrac{5}{2}, -2, \dfrac{7}{4}, -\dfrac{8}{5}, \dfrac{3}{2}, \ldots$ $\qquad a_n = (-1)^n \cdot \dfrac{n+3}{n}$

h) $0, \dfrac{1}{2}, \dfrac{2}{3}, \dfrac{3}{4}, \dfrac{4}{5}, \dfrac{5}{6}, \dfrac{6}{7}, \ldots$ $\qquad\qquad a_n = \dfrac{n-1}{n}$

i) $1, -1, \dfrac{1}{2}, -\dfrac{1}{2}, \dfrac{1}{3}, -\dfrac{1}{3}, \dfrac{1}{4}, -\dfrac{1}{4}, \ldots$ $\qquad a_n = (-1)^{n+1} \cdot \dfrac{1}{\left[\dfrac{n+1}{2}\right]}$ [1])

k) $0, \dfrac{1}{2}, -\dfrac{1}{2}, \dfrac{2}{3}, -\dfrac{2}{3}, \dfrac{3}{4}, -\dfrac{3}{4}, \ldots$ $\qquad a_n = (-1)^n \cdot \dfrac{\left[\dfrac{n}{2}\right]}{\left[\dfrac{n+2}{2}\right]}$

l) $-1, +1, -2, +2, -3, +3, -4, +4, \ldots$ $\qquad a_n = (-1)^n \cdot \left[\dfrac{n+1}{2}\right]$

m) $1, \dfrac{3}{4}, \dfrac{2}{3}, \dfrac{5}{8}, \dfrac{3}{5}, \dfrac{7}{12}, \dfrac{4}{7}, \ldots$ $\qquad a_n = \dfrac{n+1}{2n}$

n) $1, \dfrac{5}{3}, \dfrac{5}{2}, \dfrac{17}{5}, \dfrac{13}{3}, \dfrac{37}{7}, \dfrac{25}{4}, \ldots$ $\qquad a_n = \dfrac{n^2+1}{n+1}$

o) $2, -\dfrac{1}{2}, -2, -\dfrac{13}{4}, -\dfrac{22}{5}, -\dfrac{11}{2}, \ldots$ $\qquad a_n = \dfrac{3-n^2}{n}$

p) $0, \dfrac{3}{5}, \dfrac{4}{5}, \dfrac{15}{17}, \dfrac{12}{13}, \dfrac{35}{37}, \ldots$ $\qquad a_n = \dfrac{n^2-1}{n^2+1}$

q) $5, \dfrac{7}{3}, \dfrac{9}{5}, \dfrac{11}{7}, \dfrac{13}{9}, \dfrac{15}{11}, \ldots$ $\qquad a_n = \dfrac{2n+3}{2n-1}$

r) $\dfrac{2}{3}, \dfrac{3}{11}, \dfrac{1}{8}, \dfrac{1}{21}, 0, -\dfrac{1}{31}, \ldots$ $\qquad a_n = \dfrac{5-n}{5n+1}$

s) $1, -\dfrac{1}{4}, -\dfrac{1}{3}, -\dfrac{5}{16}, -\dfrac{7}{25}, -\dfrac{1}{4}, \ldots$ $\qquad a_n = \dfrac{3-2n}{n^2}$

t) $1, 1, 2, \dfrac{1}{2}, 3, \dfrac{1}{3}, 4, \dfrac{1}{4}, 5, \dfrac{1}{5}, \ldots$ $\qquad a_n = \begin{cases} \dfrac{n+1}{2} & \text{für ungerade } n \\[2ex] \dfrac{2}{n} & \text{für gerade } n \end{cases}$

---

[1]) Hier ist das zahlentheoretische Symbol der eckigen Klammer verwendet. Danach bedeutet [x] diejenige ganze Zahl, die den größtmöglichen Wert besitzt, der kleiner als x oder gleich x ist. Z. B.

$[5] = 5$; $[6,2] = 6$; $[-4] = -4$; $[-4,3] = -5$

u) $1, 0, 0, \dfrac{1}{2}, \dfrac{1}{2}, -\dfrac{1}{2}, \dfrac{1}{3}, \dfrac{2}{3}, -\dfrac{2}{3}, \dfrac{1}{4}, \dfrac{3}{4}, -\dfrac{3}{4}, \ldots$

$$a_n = \begin{cases} \dfrac{3}{n+2} & \text{für } n \equiv 1 \text{ mod. } 3 \qquad ^1) \\[2ex] \dfrac{n-2}{n+1} & \text{für } n \equiv 2 \text{ mod. } 3 \\[2ex] \dfrac{3-n}{n} & \text{für } n \equiv 0 \text{ mod. } 3 \end{cases}$$

Von den als Beispiele c) bis u) aufgeführten unendlichen Zahlenfolgen sind
monoton zunehmend: d), h), n), p);
monoton abnehmend: c), e), f), m), o), q), r);
nicht monoton: g), i), k), l), s), t), u); s) jedoch vom dritten Glied an monoton zunehmend;
beschränkt: c), e), f), g), h), i), k), m), p), q), r), s), u);
nicht beschränkt: d), l), n) o), t);
alternierend: g), i), k), l);
nicht alternierend: c), d), e), f), h), m), n), o), p), q), r), s), t), u).
Die Untersuchung auf Monotonie erfolgt am einfachsten, indem man von dem Ausdruck für das allgemeine Glied ausgeht und die Differenz $a_{n+1} - a_n$ bildet. Bei monoton zunehmenden Folgen ist diese Differenz für jedes n positiv, bei monoton abnehmenden Folgen für jedes n negativ.

Beispiele:

Im Beispiel q) ist $a_{n+1} - a_n = \dfrac{-8}{(2n+1)\cdot(2n-1)}$.

Dieser Ausdruck ist für jedes n negativ, die Folge deshalb monoton abnehmend.

Im Beispiel p) ist $a_{n+1} - a_n = \dfrac{4n+2}{(n^2+1)\cdot(n^2+2n+2)}$.

Dieser Ausdruck ist für jedes n positiv, die Folge (a_n) deshalb monoton zunehmend.

Im Beispiel s) ist $a_{n+1} - a_n = \dfrac{2n^2-4n-3}{n^2\cdot(n^2+2n+1)}$.

Dieser Ausdruck ist für $n = 1$ und $n = 2$ negativ, von $n = 3$ an jedoch ständig positiv. Von a_3 an ist die Folge (a_n) daher monoton zunehmend.

$^1)$ Die in der Zahlentheorie häufig verwendete Schreibweise $a \equiv b$ mod. c, gesprochen: a kongruent b modulo c, bedeutet, daß die natürliche Zahl a den Rest b läßt, wenn sie durch die natürliche Zahl c geteilt wird. So sind zum Beispiel die Zahlen 1, 4, 7, 10, 13 usw. kongruent 1 modulo 3.

Definition 6:

> Unter einer **arithmetischen Zahlenfolge** verstehen wir eine solche, bei der die Differenz zweier aufeinander folgender Glieder konstant ist.
>
> $$a_n = a_1 + (n-1) \cdot d.$$

Die Bezeichnung „arithmetisch" hat man gewählt, weil bei einer solchen Folge jedes Glied arithmetisches Mittel seiner Nachbarglieder sein muß. Ist nämlich d die konstante Differenz der Nachbarglieder und besitzt irgend ein Glied den Wert p, so sind die beiden folgenden Glieder $p+d$ und $p+2d$. $p+d$ ist aber das arithmetische Mittel zwischen p und $p+2d$; denn

$$\frac{p+p+2d}{2} = p + d.$$

Lehrsatz 1:

> **Eine unendliche arithmetische Zahlenfolge ist stets monoton und niemals beschränkt.**

Der Beweis ergibt sich unmittelbar aus der Definition.

Beispiele für arithmetische Zahlenfolgen:

v) 3, 5, 7, 9, 11, ... $\qquad\qquad a_n = 2n + 1$
w) 7, 4,5, 2, $-0,5$, -3, ... $\qquad a_n = 9,5 - 2,5n$

Außerdem sind unter a) und d) arithmetische Folgen aufgeführt.

Definition 7:

> Unter einer **geometrischen Zahlenfolge** verstehen wir eine solche, bei der der Quotient zweier aufeinander folgender Glieder konstant ist.
>
> $$a_n = a_1 \cdot q^{n-1}.$$

Die Bezeichnung „geometrisch" hängt damit zusammen, daß bei diesen Folgen jedes Glied geometrisches Mittel der beiden Nachbarglieder ist. Bezeichnet man mit q den konstanten Quotienten einer geometrischen Folge und ist p ein beliebiges Glied dieser Folge, so sind die beiden folgenden $p \cdot q$ und $p \cdot q^2$. $p \cdot q$ ist geometrisches Mittel zwischen p und $p \cdot q^2$; denn

$$\sqrt{p \cdot p \cdot q^2} = p \cdot q.$$

Lehrsatz 2:

> Eine unendliche geometrische Zahlenfolge $(a_1 \cdot q^{n-1})$ ist für
> $\qquad q > 1$: monoton zunehmend und unbeschränkt;
> $\quad 0 < q < 1$: nonoton abnehmend und beschränkt;
> $-1 \leqq q < 0$: alternierend und beschränkt;
> $\qquad q < -1$: alternierend und unbeschränkt.

Der Beweis ergibt sich wieder unmittelbar aus den Definitionen.

Beispiele für geometrische Zahlenfolgen:

x) $1, \ -\dfrac{1}{2}, \ \dfrac{1}{4}, \ -\dfrac{1}{8}, \ \dfrac{1}{16}, \ -\dfrac{1}{32}, \ \dots \qquad a_n = \dfrac{1}{(-2)^{n-1}}$

y) $2, \ 6, \ 18, \ 54, \ 162, \ 486, \ \dots \qquad a_n = 2 \cdot 3^{n-1}$

z) $-\dfrac{1}{16}, \ +\dfrac{1}{4}, \ -1, \ +4, \ -16, \ +64, \ \dots \qquad a_n = \dfrac{-(-4)^{n-1}}{16}$

Außerdem ist unter f) eine weitere geometrische Folge aufgeführt.

2. Häufungspunkt und Grenzwert

Definition 8:

> Eine Zahlenfolge (a_n) besitzt den **Häufungspunkt** h, wenn entweder die Zahl h beliebig oft vorkommt oder sich zu jedem beliebig klein vorgegebenen $\varepsilon > 0$ stets ein $a_n \neq h$ finden läßt, für das $|a_n - h| < \varepsilon$ ist.

Erläuterung der Definition 8:

Betrachten wir die der Zahlenfolge äquivalente Punktfolge auf der Zahlengerade (Abb. 3). Für die Existenz des Häufungspunktes (die Bezeichnung

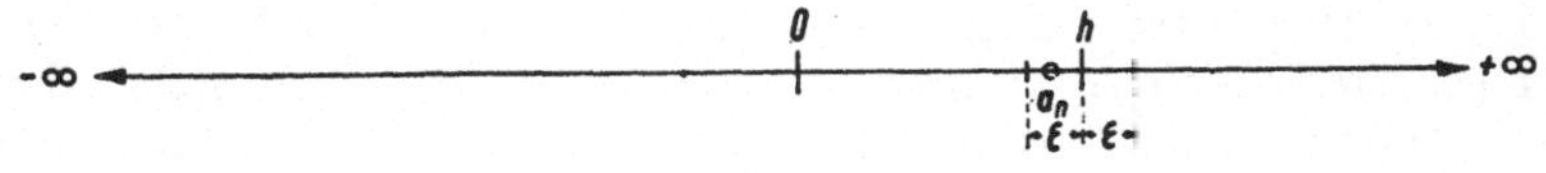

Abb. 3

ist dem Bild der Zahlengerade entnommen) wird gefordert, daß sich in jeder beliebig kleinen Umgebung eines Punktes h (des Häufungspunktes) mindestens ein Punkt der Punktfolge befindet; denn laut Definition 8 soll es einen Punkt geben, dessen Abstand von h kleiner als ε ist. Die Erfüllung dieser Forderung bedeutet, daß dann sogar unendlich viele Punkte zwischen den beiden Schranken liegen müssen, die im Abstande ε zu beiden Seiten des Punktes h errichtet sind. Denn wählt man ein neues, kleineres ε (es sei mit ε' bezeichnet) so, daß der geforderte und vorhandene Punkt außerhalb der im Abstande ε' errichteten neuen Schranken bleibt, so muß ja wieder ein Punkt innerhalb der neuen Schranken sein, denn die Forderung besagt ja, daß sich in *jeder* beliebig kleinen Umgebung von h ein Punkt a_n befinden soll. Entweder kommt also der Wert h des Häufungspunktes selbst unendlich oft in der Zahlenfolge vor, oder in seiner nächsten Umgebung, so klein sie auch sein mag, befinden sich unendlich viele Punkte der Folge. Ob im zweiten Falle der Wert h des Häufungspunktes in der Folge überhaupt vorkommt oder nicht, ist unwesentlich.

Lehrsatz 3:

> **Eine arithmetische Zahlenfolge kann niemals einen Häufungspunkt besitzen.**

Beweis:

Laut Definition 6 besitzen je zwei benachbarte Glieder einer arithmetischen Zahlenfolge stets eine konstante Differenz, die wir mit d bezeichnen wollen. Um jeden beliebigen Punkt, der als Häufungspunkt in Betracht käme, kann man deshalb eine Umgebung von so kleinem ε festlegen, daß mit Sicherheit nicht ein einziger Punkt der Folge in dem abgegrenzten Bereich liegt. Man wähle nur $\varepsilon < d$.

Lehrsatz 4:

> **Eine beschränkte Zahlenfolge besitzt mindestens einen Häufungspunkt.**

Beweis:

Wir führen den Beweis an Hand der Abbildung 4 nach dem Verfahren der sogenannten Intervallschachtelung. Nach Voraussetzung muß eine Zahl S existieren, so daß sämtliche Glieder der Zahlenfolge zwischen S und $-S$ liegen. Den Bereich zwischen diesen beiden Werten teilen wir nun an beliebiger Stelle A in zwei Teile. Da die Folge unendlich viele Glieder besitzt, müssen mindestens in einem der beiden Bereiche $-S$ bis A und A

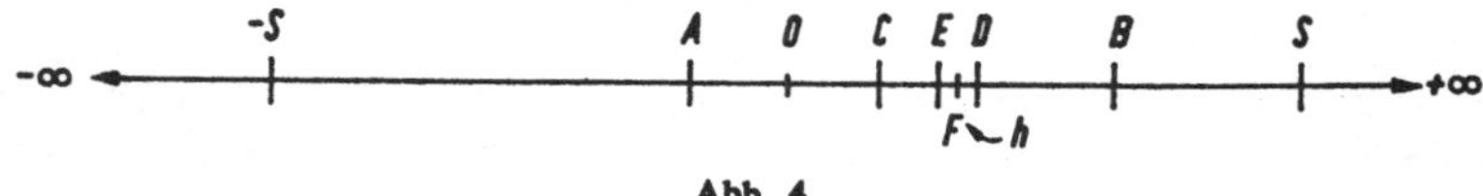

Abb. 4

bis S unendlich viele Punkte der Folge liegen, es sei denn, es fielen zufällig unendlich viele genau mit dem Punkt A zusammen. In diesem letzten Falle wären wir mit dem Beweis fertig, denn dann hätten wir — zufällig — in A einen Häufungspunkt festgestellt. Schließen wir diesen unwahrscheinlichen

Fall aber aus und nehmen wir an, A bis S sei der Bereich, in dem sich unendlich viele Glieder der Folge befinden. Diesen Bereich unterteilen wir nun wieder an beliebiger Stelle, zum Beispiel in B. Wir schließen wie vorher. Entweder B ist selbst dadurch Häufungspunkt, daß er unendlich viele Glieder auf sich vereinigt, oder mindestens einer der Bereiche AB und BS enthält unendlich viele Glieder. Diesen — es sei AB — unterteilen wir in C und schließen genau so weiter. Setzen wir dieses Verfahren der Intervallschachtelung unbegrenzt fort, so müssen wir entweder auf einen Teilungspunkt stoßen, der selbst Häufungspunkt ist, oder wir gelangen zu einem *beliebig* kleinen Bereich, der unendlich viele Glieder der Folge enthält. Damit ist aber die Existenz eines Häufungspunktes in diesem Bereich erwiesen, den wir durch die Intervallschachtelung entweder erreichen oder dem wir beliebig nahe kommen müssen.

Lehrsatz 5:

> **Eine monotone Zahlenfolge besitzt höchstens einen Häufungspunkt.**

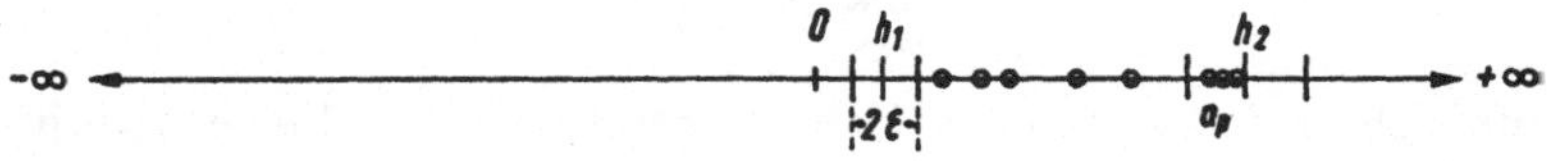

Abb. 5

Beweis:

Wir führen den Beweis indirekt, indem wir die Existenz zweier Häufungspunkte h_1 und h_2 annehmen und zeigen, daß diese Annahme zu einem Widerspruch führt. Nehmen wir ohne Beschränkung der Allgemeinheit an, daß die Folge monoton zunehmend und h_2 größer als h_1 sei. Dann finden sich — da h_2 ein Häufungspunkt ist — in beliebiger Umgebung von h_2 Punkte, die der gegebenen Folge angehören. Unter diesen greifen wir einen beliebigen heraus. Er muß eine bestimmte Stellung in der Folge besitzen und damit auch einen ganz bestimmten endlichen Index haben. Da die Folge monoton zunehmend ist, können in einer beliebig kleinen Umgebung der kleineren Zahl h_1 aber nur Vorgänger unseres herausgegriffenen Punktes liegen. Dies können aber nur endlich viele sein, nämlich höchstens einer weniger, als der Index unseres Punktes angibt. Unter diesen endlich vielen Punkten muß einer der Zahl h_1 am nächsten liegen. Wähle ich ε also so klein, daß der nächste Punkt außerhalb der durch ε gelegten Schranke zu liegen kommt, so habe ich eine Umgebung gefunden, die kein Glied der Zahlenfolge mehr enthalten kann. h_1 kann also kein Häufungspunkt sein. Damit ist der Widerspruch festgestellt und die Gültigkeit unseres Lehrsatzes erwiesen.

Aus den Aussagen der Lehrsätze 4 und 5 folgt unmittelbar

11

Lehrsatz 6:

> **Jede monotone und beschränkte Zahlenfolge besitzt einen und nur einen Häufungspunkt.**

Beispiel:

Untersuche die oben unter a) bis z) angegebenen Zahlenfolgen auf Häufungspunkte.

Lösung:

Keinen Häufungspunkt besitzen die Folgen a), b), d), l), n), o), v), w), y), z).

Einen Häufungspunkt (sein Wert ist in Klammern angegeben) besitzen die Folgen c)(0), e)(0), f)(0), h)(1), i)(0), m)(0,5), p)(1), q)(1), r)($-0{,}2$), s)(0), t)(0), x)(0).

Mehrere Häufungspunkte besitzen die Folgen g)($-1; 1$), k)($-1; 1$), u)(0; -1; 1)

Definition 9:

> Eine Zahlenfolge (a_n) besitzt den **Grenzwert** g
>
> $$- \lim_{n \to \infty} a_n = g^{1)} -,$$
>
> wenn sich zu jedem beliebig klein vorgegebenen $\varepsilon > 0$ eine natürliche Zahl N angeben läßt, so daß für jedes $n > N$ stets $|a_n - g| < \varepsilon$ gilt.

Erläuterung der Definition 9 (Abb. 6):

Während eine Zahl als Häufungspunkt bezeichnet wird, wenn sich in ihrer noch so kleinen Umgebung immer noch ein Glied der Zahlenfolge (und

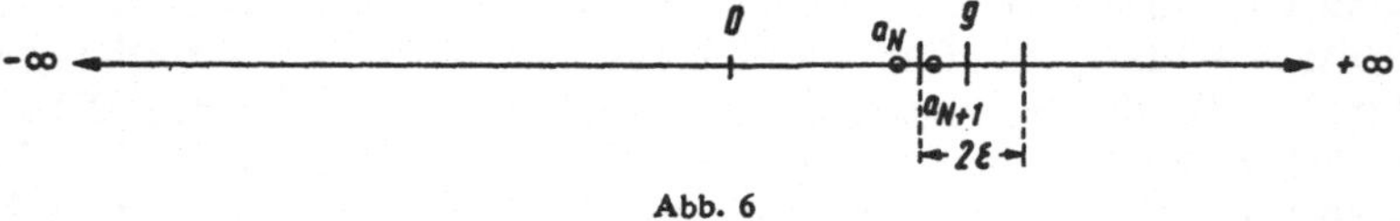

Abb. 6

damit sind es, wie wir gesehen haben, von selbst unendlich viele) befindet, wird bei der Existenz eines Grenzwertes mehr verlangt. Hier muß zu jeder beliebig klein vorgegebenen Umgebung des Punktes, der Grenzwert genannt wird, ein bestimmtes Glied a_N der Zahlenfolge angegeben werden können, von dem ab *sämtliche* Glieder in diese Umgebung fallen. Wählt man die Umgebung enger, also ε kleiner, so wird der Index N, von dem ab alle

---

[1] Diese Zeile liest man: „Limes von a_n für n gegen unendlich gleich g". Eine Zahlenfolge, die einen Grenzwert besitzt, nennt man konvergent. Besitzt sie keinen Grenzwert, so heißt sie divergent.

12

Glieder innerhalb der kleineren Umgebung liegen, im allgemeinen größer sein; für das Vorhandensein des Grenzwertes muß diese Stelle jedoch stets angebbar sein. Dabei ist es völlig gleichgültig, ob der Grenzwert selbst der Folge angehört oder nicht. An Hand unseres obigen Beispiels c) wollen wir die Existenz eines Grenzwertes auf Grund der Definition 9 nachweisen.

Lehrsatz 7:

> **Die Zahlenfolge** (a_n) **mit** $a_n = \dfrac{1}{n} \cdot$
>
> $$- \quad 1, \frac{1}{2}, \frac{1}{3}, \frac{1}{4}, \frac{1}{5}, \frac{1}{6}, \frac{1}{7}, \frac{1}{8}, \frac{1}{9}, \cdots \quad -$$
>
> **besitzt den Grenzwert 0; es gilt** $\displaystyle\lim_{n \to \infty} \frac{1}{n} = 0.$

Beweis:

Zum Beweise des Satzes ist zu zeigen, daß zu jedem beliebig klein vorgegebenen $\varepsilon > 0$ ein Index N angegeben werden kann, so daß sämtliche Glieder der Zahlenfolge von dem nächsten Index an sich von 0 um weniger als ε unterscheiden. Dies ist in diesem Falle nicht schwierig. Man findet für $\varepsilon_1 = 0{,}1$ den Index $N_1 = 10$, denn da die Folge monoton abnehmend ist, sind sämtliche Glieder vom 11. Glied an kleiner als $0{,}1$. Entsprechend findet man $N_2 = 100$ für $\varepsilon_2 = 0{,}01$ und $N_3 = 1000$ für $\varepsilon_3 = 0{,}001$. Allgemein ist $N(\varepsilon) = \left[\dfrac{1}{\varepsilon} \right]$. Das heißt, wir haben zu *jedem* beliebig kleinen $\varepsilon > 0$ ein N von der verlangten Eigenschaft gefunden.

Die Existenz eines Grenzwertes auf Grund der Definition 7 nachzuweisen, wie wir es soeben bei der Zahlenfolge $a_n = \dfrac{1}{n}$ getan haben, wäre in vielen Fällen sehr umständlich. Wir wollen deshalb nach Wegen suchen, die es uns gestatten, auf einfachere Weise die Existenz des Grenzwertes zu erkennen und seinen Wert zu bestimmen.

Dies soll in den folgenden Abschnitten 3 und 4 geschehen.

3. Zusammenhang zwischen den Begriffen Häufungspunkt und Grenzwert

Lehrsatz 8:

> **Eine konvergente Zahlenfolge ist stets beschränkt.**

Beweis (Abb. 7):

Die Existenz des Grenzwertes bedeutet, daß bei einem beliebig herausgegriffenen $\varepsilon > 0$ alle Glieder der Zahlenfolge von einer bestimmten Nummer $N+1$ an innerhalb der um g im Abstande ε errichteten Schranken liegen. Nur die Glieder a_1 bis a_N können außerhalb dieses festen Bereichs liegen, also nur endlich viele. Es muß sich daher eine Zahl S angeben lassen, so daß der Bereich um g und die endlich vielen außerhalb dieses Bereichs liegenden Punkte zwischen S und $-S$ eingeschlossen sind, was zu beweisen war.

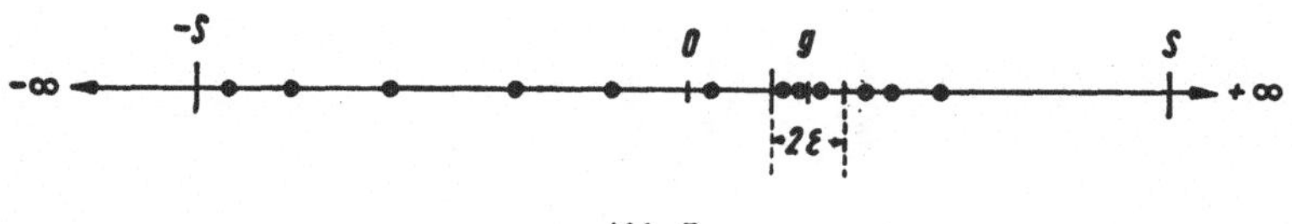

Abb. 7

Lehrsatz 9:

> **Konvergiert eine Zahlenfolge, so ist ihr Grenzwert gleichzeitig Häufungspunkt; einen weiteren Häufungspunkt kann die Zahlenfolge nicht besitzen.**

Beweis:

In der Erläuterung zur Definition 9 war bereits darauf hingewiesen worden, daß die Existenz eines Grenzwertes mehr voraussetzt als die eines Häufungspunktes. Wenn in der Umgebung von g sämtliche Glieder der Zahlenfolge von einer bestimmten Stelle an zu finden sind, so ist es selbstverständlich, daß die Forderung für die Existenz des Häufungspunktes damit erfüllt ist. Daß die Folge aber einen zweiten Häufungspunkt nicht besitzen kann, folgt ähnlich wie beim Beweis des Lehrsatzes 5 aus der Tatsache, daß ja außerhalb des Bereiches um g nur endlich viele Glieder der Zahlenfolge liegen, die keinen Häufungspunkt bilden können.

Lehrsatz 10:

> **Ist eine Zahlenfolge beschränkt und besitzt sie einen und nur einen Häufungspunkt, so konvergiert sie; das heißt, der Häufungspunkt ist Grenzwert.**

Beweis:

Außerhalb eines um den einzigen Häufungspunkt geschaffenen kleinen Bereichs können nur endlich viele Glieder der Zahlenfolge liegen, denn anderenfalls würden sie gemäß Lehrsatz 4 einen eigenen Häufungspunkt

14

bilden. Unter diesen endlich vielen muß es aber ein letztes Glied geben, so daß von dem nächsten Glied an alle innerhalb des um den Häufungspunkt geschaffenen kleinen Bereichs liegen. Da dies alles für jeden noch so kleinen Bereich um den Häufungspunkt herum gilt, erfüllt dieser die Bedingung des Grenzwertes.

Auf Grund dieser Erkenntnisse können wir auch den Begriff des Grenzwertes folgendermaßen definieren.

Definition 9a:

Besitzt eine beschränkte Zahlenfolge (a_n) einen und nur einen Häufungspunkt, so nennen wir diesen **Grenzwert**, die Zahlenfolge **konvergent**, und sagen

$$\lim_{n \to \infty} a_n = g \;.$$

Die Definition 9a ist inhaltlich gleichbedeutend mit der Definition 9. Entsprechend läßt sich der Lehrsatz 6 auch formulieren:

Lehrsatz 6a:

Jede monotone und beschränkte Zahlenfolge ist konvergent.

Es sei hier vermerkt, daß das Limeszeichen, das Zeichen für den Grenzwert—man möchte sagen leider—in einem Ausnahmefall auch für divergente Folgen Verwendung findet. Wenn die Werte der Zahlenfolge mit über alle Grenzen wachsendem n nämlich selbst über alle Grenzen wachsen, so pflegt man zu schreiben

$$\lim_{n \to \infty} a_n = \infty \;.$$

Dies hat sich so eingebürgert, daß es sinnlos wäre, dagegen ankämpfen zu wollen. Man muß sich jedoch darüber im klaren sein, daß in diesem Falle von einem Grenzwert keine Rede sein kann. Die manchmal auch anzutreffende Formulierung „der Grenzwert ist unendlich" ist auf jeden Fall abzulehnen.

4. Über das Rechnen mit Grenzwerten:

Lehrsatz 11:

Besitzen sämtliche Glieder einer Zahlenfolge den gleichen Wert a, so ist die Folge konvergent, ihr Grenzwert hat den Wert a.

Beweis:

Der Beweis folgt unmittelbar aus der Definition des Grenzwertes (Definition 9), denn hier kann der Bereich so klein gewählt werden, wie man will, es liegen stets sämtliche Glieder der Folge innerhalb des Bereiches. Die Richtigkeit des Satzes folgt übrigens auch aus der Tatsache, daß dieser Fall bei der Definition des Häufungspunktes ausdrücklich genannt ist und daß nur dieser eine Häufungspunkt vorliegt.

Lehrsatz 12:

> **Jede unendliche Teilfolge einer konvergenten Folge konvergiert und zwar gegen denselben Grenzwert.**

Beweis:

Die Teilfolge muß beschränkt sein, denn die ursprüngliche Folge ist es nach Lehrsatz 8 ebenfalls. Sie besitzt daher nach Lehrsatz 4 einen Häufungspunkt. Dieser kann nur der einzige und der Grenzwert der ursprünglichen Folge sein, ist also auch Grenzwert der Teilfolge.

Lehrsatz 13:

> **Hinzufügung und Wegnahme endlich vieler Glieder zu bzw. von einer konvergenten Zahlenfolge beeinträchtigen weder die Konvergenz noch den Wert des Grenzwertes.**

Beweis:

Unter endlich vielen hinzugefügten Gliedern muß es ein letztes geben. Entscheidend für die Konvergenz ist es aber stets nur, ob von einer bestimmten Stelle an alle Glieder in einem vorgeschriebenen Bereich liegen. Fallen die hinzugefügten Glieder nicht in den Bereich, so verlegt man die Grenze (Index N) hinter das letzte hinzugefügte Glied.
Durch Wegnahme endlich vieler Glieder kann die Konvergenzbedingung erst recht nicht gestört werden.

Lehrsatz 14:

> **Konvergieren zwei Zahlenfolgen (a_n) und (b_n) gegen den gemeinsamen Grenzwert g, unterliegen ferner die Glieder einer dritten Zahlenfolge (c_n) für jedes n einer der beiden Bedingungen**
>
> $$a_n \leqq c_n \leqq b_n$$
>
> $$a_n \geqq c_n \geqq b_n,$$
>
> **so konvergiert auch die Folge (c_n) gegen den Grenzwert g.**

Beweis (Abb. 8):

Nach Voraussetzung gibt es zu jedem beliebig klein vorgegebenen $\varepsilon > 0$ einen Index N_a, so daß alle Glieder der Zahlenfolge (a_n) von dem Index $N_a + 1$ an sich von g um weniger als ε unterscheiden. Zu demselben ε muß es einen Index N_b geben, so daß alle Glieder von (b_n) vom Index $N_b + 1$

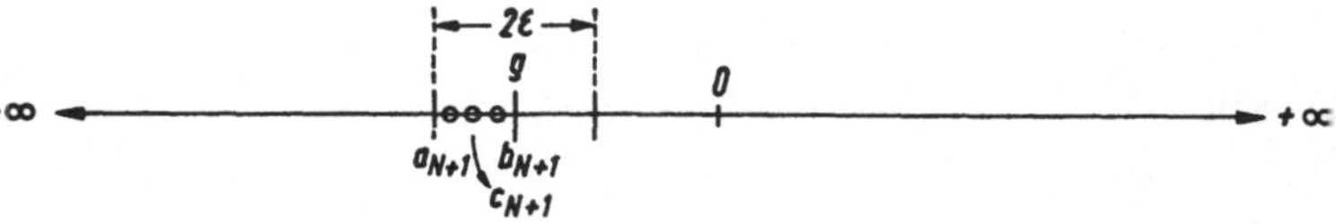

Abb. 8

an sich um weniger als ε von g unterscheiden. Wähle ich nun die größere der beiden Zahlen N_a und N_b aus und bezeichne sie mit N, so unterscheiden sich vom Index $N + 1$ an sowohl die a_n als auch die b_n um weniger als ε von g, das heißt, die ihnen entsprechenden Punkte liegen auf der Zahlengeraden innerhalb des Bereiches, der um die Zahl g mit dem Abstand ε gelegt ist. Dies muß aber dann auch für jedes c_n vom Index $N + 1$ an gelten, denn es liegt ja der Größe nach für jedes n zwischen dem entsprechenden a_n und dem entsprechenden b_n. Da die gesamte Überlegung für jedes beliebige $\varepsilon > 0$ gilt, ist damit die Behauptung bewiesen.

Lehrsatz 15:

Konvergieren die Zahlenfolge (a_n) gegen den Grenzwert a und die Zahlenfolge (b_n) gegen den Grenzwert b, so konvergiert auch die Zahlenfolge $(a_n + b_n)$, deren jedes Glied Summe der entsprechenden Glieder von (a_n) und (b_n) ist, und zwar gegen den Grenzwert $a + b$.

Eine kürzere, aber nicht exakte Formulierung des Lehrsatzes 15 lautet: „Der Grenzwert einer Summe ist der Summe der Grenzwerte gleich."

$$\lim_{n \to \infty} (a_n + b_n) = \lim_{n \to \infty} a_n + \lim_{n \to \infty} b_n$$

Beweis:

Nach Voraussetzung läßt sich zu jedem beliebig klein vorgegebenen $\varepsilon > 0$ ein Index N_a finden, so daß für alle a_n, deren Index n größer als N_a ist, die Bedingung $|a_n - a| < \varepsilon$ gilt. Ebenso kann ich zu demselben ε einen Index N_b finden, so daß für alle b_n, deren Index n größer als N_b ist, die Bedingung $|b_n - b| < \varepsilon$ erfüllt ist. Bezeichne ich mit N die größere der beiden

17

Zahlen N_a und N_b, so gelten beide Bedingungen gleichzeitig und erst recht für alle n, die größer als N sind. Wir erhalten daher

$$|a_n - a| + |b_n - b| < 2\varepsilon.$$

Unter Berücksichtigung der Tatsache, daß für zwei beliebige reelle, positive oder negative Zahlen x und y stets die Beziehung

$$|x + y| \leq |x| + |y| \qquad \text{gilt,}$$

ergibt sich
$$|(a_n - a) + (b_n - b)| < 2\varepsilon$$

und
$$|(a_n + b_n) - (a + b)| < 2\varepsilon.$$

Durch diese Ungleichung ist aber die Konvergenz der Folge $(a_n + b_n)$ nachgewiesen. Denn zum Nachweis, daß der Unterschied zwischen $a_n + b_n$ und $a + b$ nicht nur kleiner als 2ε, sondern auch kleiner als ε ist, brauchte

ich nur statt von ε von $\varepsilon' = \dfrac{\varepsilon}{2}$ ausgegangen zu sein. Auch für ε' hätte ich

nach Voraussetzung zwei (eventuell größere) Indices N_a und N_b finden müssen, so daß alle Glieder der Folge (a_n) bezw. (b_n) sich vom Index N ab um weniger als ε' von a bezw. b unterscheiden, wobei wieder N die größere der beiden Zahlen N_a und N_b bedeutet.

Lehrsatz 16:

> **Konvergieren die Zahlenfolge (a_n) gegen den Grenzwert a und die Zahlenfolge (b_n) gegen den Grenzwert b, so konvergiert auch die Zahlenfolge $(a_n - b_n)$, und zwar gegen den Grenzwert $a - b$.**

Die kürzere Formulierung lautet:
„Der Grenzwert einer Differenz ist der Differenz der Grenzwerte gleich."

$$\lim_{n \to \infty} (a_n - b_n) = \lim_{n \to \infty} a_n - \lim_{n \to \infty} b_n$$

Beweis:

Versehe ich jedes Glied der Zahlenfolge (b_n) mit negativem Vorzeichen, so erhalte ich die Zahlenfolge $(-b_n)$, die den Grenzwert $-b$ besitzen muß. Denn durch die vorgenommene Operation sind alle äquivalenten Punkte auf der Zahlengeraden in die bezüglich des Nullpunktes symmetrischen Punkte übergegangen. Die Konvergenzbedingungen müssen demnach genau so bezüglich $-b$ erfüllt sein wie vorher bezüglich b.
Ich brauche nun nur noch den Lehrsatz 15 auf die Zahlenfolgen (a_n) und $(-b_n)$ anzuwenden, um die Gültigkeit des zu beweisenden Satzes 16 einzusehen.

Lehrsatz 17:

Kürzere Formulierung:
„Der Grenzwert eines Produktes ist dem Produkt der Grenzwerte gleich."

$$\lim_{n \to \infty} (a_n \cdot b_n) = \lim_{n \to \infty} a_n \cdot \lim_{n \to \infty} b_n$$

Beweis:

Ich argumentiere zunächst wie beim Beweise des Lehrsatzes 15:
Zu einem beliebig klein vorgegebenen $\varepsilon > 0$ muß eine Nummer N angebbar sein, so daß die beiden Bedingungen

$$|a_n - a| < \varepsilon \quad \text{und} \quad |b_n - b| < \varepsilon$$

gleichzeitig gelten, sobald nur n größer als N ist. Zu zeigen ist nun, daß auch der Ausdruck $|a_n \cdot b_n - a \cdot b|$ für $n > N$ kleiner als ε oder doch wenigstens kleiner als ein endliches Vielfaches von ε bleiben muß.
Ich forme unseren Ausdruck zunächst um

$$|a_n \cdot b_n - a \cdot b| = |a_n \cdot b_n - a_n \cdot b + a_n \cdot b - a \cdot b|$$

$$= |a_n \cdot (b_n - b) + b \cdot (a_n - a)|$$

Unter Berücksichtigung der schon beim Beweis des Lehrsatzes 15 verwendeten, für beliebige reelle Zahlen x und y geltenden Beziehung

$$|x + y| \leqq |x| + |y|$$

und der für beliebige Zahlen außerdem geltenden Gleichung

$$|x \cdot y| = |x| \cdot |y| \quad \text{erhalten wir:}$$

$$|a_n \cdot b_n - a \cdot b| \leqq |a_n| \cdot |b_n - b| + |b| \cdot |a_n - a|.$$

Wegen

$$|a_n - a| < \varepsilon \quad \text{und} \quad |b_n - b| < \varepsilon$$

wird

$$|a_n \cdot b_n - a \cdot b| < \varepsilon \cdot (|a_n| + |b|).$$

Nach Lehrsatz 8 ist die Folge (a_n) beschränkt; es gibt daher eine Zahl S, so daß für jedes a_n die Ungleichung $|a_n| \leqq S$ gilt.

Wir erhalten daher

$$|a_n \cdot b_n - a \cdot b| < \varepsilon \cdot (S + |b|)$$
$$< C \cdot \varepsilon$$

und erkennen, daß unsere abzuschätzende Differenz $|a_n \cdot b_n - a \cdot b|$ kleiner als ein konstantes Vielfaches von ε sein muß. Dies genügt, um auf die Konvergenz zu schließen. Ähnlich wie beim Beweis des Lehrsatzes 15 können wir auch hier erzwingen, daß unsere Differenz wirklich kleiner

als ε bleibt, wenn wir am Anfang nicht von ε ausgehen, sondern von $\varepsilon' = \dfrac{\varepsilon}{C}$.

Auch für diese kleinere Ausgangsgröße muß sich ein eventuell größerer Index N finden lassen, von dem ab die Konvergenzbedingungen beider Ausgangsfolgen gelten.

Lehrsatz 18:

Konvergieren die Zahlenfolge (a_n) gegen den Grenzwert a und die Zahlenfolge (b_n) gegen den Grenzwert b, der von Null verschieden ist, so konvergiert auch die Zahlenfolge $\left(\dfrac{a_n}{b_n}\right)$, und zwar gegen den Grenzwert $\dfrac{a}{b}$.

Kürzere Formulierung:
„Der Grenzwert eines Quotienten ist dem Quotienten der Grenzwerte gleich, wenn der Grenzwert des Nenners von Null verschieden ist."

$$\lim_{n\to\infty} \frac{a_n}{b_n} = \frac{\displaystyle\lim_{n\to\infty} a_n}{\displaystyle\lim_{n\to\infty} b_n}, \quad \text{falls} \quad \lim_{n\to\infty} b_n \neq 0$$

Beweis:

Wie bei den Beweisen der Lehrsätze 15 und 17 bestimme ich zunächst den Index N, für den gleichzeitig jede der beiden Differenzen

$$|a_n - a| \quad \text{und} \quad |b_n - b|$$

kleiner als ein beliebig klein vorgegebenes ε sein muß. Ich verwende ferner zusätzlich die für beliebige reelle Zahlen x und y geltende Gleichung

$$\left|\frac{x}{y}\right| = \frac{|x|}{|y|}$$

und erhalte:
$$\left|\frac{a_n}{b_n} - \frac{a}{b}\right| = \left|\frac{b \cdot a_n - a \cdot b_n}{b_n \cdot b}\right|$$

20

$$= \left| \frac{b \cdot a_n - a_n \cdot b_n + a_n \cdot b_n - a \cdot b_n}{b_n \cdot b} \right|$$

$$= \left| \frac{a_n}{b_n \cdot b} \cdot (b - b_n) + \frac{a_n - a}{b} \right|$$

$$\leqq \frac{|a_n|}{|b_n| \cdot |b|} \cdot |b_n - b| + \frac{1}{|b|} \cdot |a_n - a|$$

Wegen der oben angegebenen Bedingungen $|a_n - a| < \varepsilon$ und $|b_n - b| < \varepsilon$ wird

$$\left| \frac{a_n}{b_n} - \frac{a}{b} \right| < \varepsilon \cdot \left(\frac{|a_n|}{|b_n| \cdot |b|} + \frac{1}{|b|} \right).$$

Wegen $|a_n| \leqq S$ und unserer für den Lehrsatz 18 zusätzlich gemachten Voraussetzung bleibt der Faktor von ε beschränkt. Denn b ist als verschieden von Null vorausgesetzt, und deswegen müssen von einem gewissen Index N' an auch alle b_n verschieden von Null sein. Für alle n, die größer sind als der größere der beiden Indices N und N' jedenfalls muß gelten

$$\left| \frac{a_n}{b_n} - \frac{a}{b} \right| < C \cdot \varepsilon.$$

wobei C eine gewisse Konstante bedeutet und wodurch unserer Satz bewiesen ist.

Beispiele:

1. Zahlenfolge (a_n): 0, $\dfrac{1}{2}$, $\dfrac{2}{3}$, $\dfrac{3}{4}$, $\dfrac{4}{5}$, $\dfrac{5}{6}$, $\dfrac{6}{7}$, … $\qquad \lim\limits_{n \to \infty} a_n = 1$

   Zahlenfolge (b_n): 1, $\dfrac{2}{3}$, $\dfrac{3}{5}$, $\dfrac{4}{7}$, $\dfrac{5}{9}$, $\dfrac{6}{11}$, $\dfrac{7}{13}$, … $\qquad \lim\limits_{n \to \infty} b_n = \dfrac{1}{2}$

   $(a_n + b_n)$: $\quad 1$, $\dfrac{7}{6}$, $\dfrac{19}{15}$, $\dfrac{37}{28}$, $\dfrac{61}{45}$, $\dfrac{91}{66}$, $\dfrac{127}{91}$, … $\qquad \lim\limits_{n \to \infty} (a_n + b_n) = \dfrac{3}{2}$

   $(a_n - b_n)$: $\quad -1$, $-\dfrac{1}{6}$, $\dfrac{1}{15}$, $\dfrac{5}{28}$, $\dfrac{11}{45}$, $\dfrac{19}{66}$, $\dfrac{29}{91}$, … $\qquad \lim\limits_{n \to \infty} (a_n - b_n) = \dfrac{1}{2}$

   $(a_n \cdot b_n)$: $\quad 0$, $\dfrac{1}{3}$, $\dfrac{2}{5}$, $\dfrac{3}{7}$, $\dfrac{4}{9}$, $\dfrac{5}{11}$, $\dfrac{6}{13}$, … $\qquad \lim\limits_{n \to \infty} (a_n \cdot b_n) = \dfrac{1}{2}$

   $\left(\dfrac{a_n}{b_n} \right)$: $\quad 0$, $\dfrac{3}{4}$, $\dfrac{10}{9}$, $\dfrac{21}{16}$, $\dfrac{36}{25}$, $\dfrac{55}{36}$, $\dfrac{78}{49}$, … $\qquad \lim\limits_{n \to \infty} \left(\dfrac{a_n}{b_n} \right) = 2$

2. a_n: $\quad 2, \dfrac{3}{2}, \dfrac{4}{3}, \dfrac{5}{4}, \dfrac{6}{5}, \dfrac{7}{6}, \dfrac{8}{7}, \ldots$ $\qquad \lim\limits_{n \to \infty} a_n = 1$

$\quad\; b_n$: $\quad 1, \dfrac{1}{2}, \dfrac{1}{3}, \dfrac{1}{4}, \dfrac{1}{5}, \dfrac{1}{6}, \dfrac{1}{7}, \ldots$ $\qquad \lim\limits_{n \to \infty} b_n = 0$

$(a_n + b_n)$: $3, 2, \dfrac{5}{3}, \dfrac{3}{2}, \dfrac{7}{5}, \dfrac{4}{3}, \dfrac{9}{7}, \ldots$ $\qquad \lim\limits_{u \to \infty} (a_n + b_n) = 1$

$(a_n - b_n)$: $1, 1, \;\; 1, \;\; 1, \;\; 1, \;\; 1, \;\; 1, \ldots$ $\qquad \lim\limits_{n \to \infty} (a_n - b_n) = 1$

$(a_n \cdot b_n)$: $2, \dfrac{3}{4}, \dfrac{4}{9}, \dfrac{5}{16}, \dfrac{6}{25}, \dfrac{7}{36}, \dfrac{8}{49}, \ldots$ $\qquad \lim\limits_{n \to \infty} (a_n \cdot b_n) = 0$

$\left(\dfrac{a_n}{b_n}\right)$: $2, 3, \;\; 4, \;\; 5, \;\; 6, \;\; 7, \;\; 8, \ldots$ $\qquad \lim\limits_{n \to \infty} \left(\dfrac{a_n}{b_n}\right) = \infty$

Die Zahlenfolge $\left(\dfrac{a_n}{b_n}\right)$ ist nicht konvergent, sondern wächst über alle Grenzen. Dies ist nur deshalb möglich, weil der Grenzwert der Zahlenfolge (b_n) den Wert 0 besitzt und damit die Voraussetzungen des Lehrsatzes 18 nicht erfüllt sind.

Die Lehrsätze 15 bis 18 sind für die praktische Bestimmung von Grenzwerten sehr wichtig. Durch meist einfache Umformung des allgemeinen Gliedes einer Zahlenfolge kann man viele Zahlenfolgen auf die einfache Folge $\left(\dfrac{1}{n}\right)$ zurückführen, deren Konvergenz wir bewiesen haben (Lehrsatz 7). Eine Reihe von Beispielen mag dies verdeutlichen.

Beispiele:

Untersuche die folgenden Zahlenfolgen auf ihre Konvergenz und ermittle gegebenenfalls den Grenzwert.

1. $-2, 3, \dfrac{4}{3}, 1, \dfrac{6}{7}, \dfrac{7}{9}, \dfrac{8}{11}, \ldots$ $\qquad a_n = \dfrac{n+1}{2n-3}.$

Die Folge ist vom zweiten Gliede an monoton abnehmend $\left(a_{n+1} - a_n = \dfrac{-5}{(2n-1) \cdot (2n-3)}\right)$ und beschränkt $(S = 3)$; sie muß daher konvergent sein. Der Grenzwert läßt sich leicht ermitteln, wenn man den Ausdruck für a_n durch n kürzt. Man erhält:

$$a_n = \frac{1 + \dfrac{1}{n}}{2 - \dfrac{3}{n}}$$

Die Folge $\left(\dfrac{1}{n}\right)$ konvergiert nach Lehrsatz 7 gegen Null. Eine nur aus Einsen bestehende Folge besitzt nach Lehrsatz 11 den Grenzwert 1. Der Zähler konvergiert infolgedessen gemäß Lehrsatz 15 gegen 1. Die Folge $\left(\dfrac{3}{n}\right)$ konvergiert nach Lehrsatz 17 gegen $3 \cdot 0 = 0$, die nur aus Zweien bestehende Folge nach Lehrsatz 11 gegen 2, der Nenner also nach Lehrsatz 16 gegen 2. Da der Grenzwert des Nenners nicht verschwindet, können wir schließlich den Lehrsatz 18 anwenden und erhalten als Grenzwert der Folge 0,5.

$$\lim_{n \to \infty} \frac{n+1}{2n-3} = \frac{1}{2}$$

2. $\displaystyle \lim_{n \to \infty} \frac{4n+3}{2n-1} = \lim_{n \to \infty} \frac{4+\dfrac{3}{n}}{2-\dfrac{1}{n}} = 2$

3. $\displaystyle \lim_{n \to \infty} \frac{n^2+1}{2n} = \lim_{n \to \infty} \frac{n+\dfrac{1}{n}}{2} = \infty$

4. $\displaystyle \lim_{n \to \infty} \frac{n^2-1}{n^2+1} = \lim_{n \to \infty} \frac{1-\dfrac{1}{n^2}}{1+\dfrac{1}{n^2}} = 1$

5. $\displaystyle \lim_{n \to \infty} \frac{3n^2+n}{4n^2-1} = \lim_{n \to \infty} \frac{3+\dfrac{1}{n}}{4-\dfrac{1}{n^2}} = \frac{3}{4}$

6. $\displaystyle \lim_{n \to \infty} \frac{2n+1}{(n+4)\cdot(n-1)} = \lim_{n \to \infty} \frac{\dfrac{2}{n}+\dfrac{1}{n^2}}{\left(1+\dfrac{4}{n}\right)\cdot\left(1-\dfrac{1}{n}\right)} = 0$

Bei der Untersuchung von Zahlenfolgen sind häufig der sogenannte obere Grenzwert (limes superior; „$\overline{\lim}$") und der sogenannte untere Grenzwert (limes inferior; „$\underline{\lim}$") von Nutzen. Beide sind im allgemeinen nicht Grenzwerte im Sinne der Definition 9.

Definition 10:

<table>
<tr><td>

Unter dem **oberen Grenzwert (limes superior)** einer Zahlenfolge (a_n)

$$\overline{\lim_{n \to \infty}}\, a_n = v$$

verstehen wir die kleinste Zahl, die nicht kleiner als ein Häufungspunkt der Folge ist.

Unter dem **unteren Grenzwert (limes inferior)** einer Zahlenfolge (a_n)

$$\underline{\lim_{n \to \infty}}\, a_n = u$$

verstehen wir die größte Zahl, die nicht größer als ein Häufungspunkt der Folge ist.

</td></tr>
</table>

Erläuterung zu Definition 10:

Die verhältnismäßig komplizierte Formulierung der Definition 10 ist nötig, weil es vorkommen kann, daß eine Zahlenfolge unendlich viele Häufungspunkte besitzt und darunter sich kein größter und kein kleinster befindet. Die Definition hat nur einen Sinn, wenn die Zahlenfolge mindestens einen Häufungspunkt besitzt. Ist die Folge nach unten oder oben unbeschränkt, so sagen wir, der untere bezw. obere Limes sei ∞. Bei beschränkten Folgen müssen stets oberer und unterer Grenzwert vorhanden sein. Ist ein und nur ein Häufungspunkt vorhanden, so fällt dieser mit dem eigentlichen Grenzwert sowie dem oberen und dem unteren Grenzwert zusammen. Nur dann sind unsere beiden neu definierten Grenzwerte wirkliche Grenzwerte im Sinne der Definition 9. Sind mehrere, aber endlich viele Häufungspunkte vorhanden, so ist der größte unter ihnen der limes superior, der kleinste der limes inferior. Das gleiche gilt bei unendlich vielen Häufungspunkten, wenn es unter ihnen einen größten oder kleinsten gibt. Ist dies nicht der Fall, so kann man den limes superior und den limes inferior als größten und kleinsten Häufungspunkt der Häufungspunkte ansehen.

5. Zweifach unendliche Zahlenfolgen

Definition 11:

> Unter einer **zweifach unendlichen Zahlenfolge** (a_{mn}) — kurz **Doppelfolge** genannt — verstehen wir die Gesamtheit von abzählbar unendlich vielen Folgen reeller Zahlen a_{mn}:
>
> $$a_{11}, \ a_{12}, \ a_{13}, \ a_{14}, \ a_{15}, \ a_{16}, \ a_{17}, \ a_{18}, \ \ldots$$
> $$a_{21}, \ a_{22}, \ a_{23}, \ a_{24}, \ a_{25}, \ a_{26}, \ a_{27}, \ a_{28}, \ \ldots$$
> $$a_{31}, \ a_{32}, \ a_{33}, \ a_{34}, \ a_{35}, \ a_{36}, \ a_{37}, \ a_{38}, \ \ldots$$
> $$a_{41}, \ a_{42}, \ a_{43}, \ a_{14}, \ a_{15}, \ a_{46}, \ a_{17}, \ a_{48}, \ \ldots$$
> $$\cdots\cdots\cdots\cdots\cdots\cdots\cdots\cdots\cdots$$

Definition 12:

> Eine zweifach unendliche Zahlenfolge (a_{mn}) besitzt den **Grenzwert** g — auch **Simultanlimes** genannt —
> $$\lim_{m,\,n \to \infty} a_{mn} = g,$$
> wenn zu jedem $\varepsilon > 0$ unabhängig voneinander zwei Indices M und N gefunden werden können, so daß stets
> $$|a_{mn} - g| < \varepsilon$$
> gilt, sobald nur $m > M$ und $n > N$ sind. Eine Doppelfolge nennt man dann und nur dann konvergent, wenn der Simultanlimes existiert.

Die Konvergenz sämtlicher Zeilen ($m = 1, 2, 3, \ldots$) ist weder eine notwendige noch eine hinreichende Bedingung für die Existenz des Simultanlimes.

Daß die Bedingung der Zeilenkonvergenz nicht notwendig ist, sieht man leicht ein. Aus der Definition 12 folgt nämlich, daß die Existenz des Simultanlimes durch willkürliche Hinzufügung endlich vieler divergenter Zeilen nicht beeinträchtigt werden kann. Daß die angegebene Bedingung aber für die Konvergenz der Doppelfolge auch nicht hinreicht, mag ein einfaches Beispiel zeigen:

$$1, \; \frac{1}{2}, \; \frac{1}{3}, \; \frac{1}{4}, \; \frac{1}{5}, \; \frac{1}{6}, \; \frac{1}{7}, \; \frac{1}{8}, \; \frac{1}{9}, \; \ldots$$

$$1, \; 1, \; \frac{1}{2}, \; \frac{1}{3}, \; \frac{1}{4}, \; \frac{1}{5}, \; \frac{1}{6}, \; \frac{1}{7}, \; \frac{1}{8}, \; \ldots$$

$(a_{mn}):$
$$1, \; 1, \; 1, \; \frac{1}{2}, \; \frac{1}{3}, \; \frac{1}{4}, \; \frac{1}{5}, \; \frac{1}{6}, \; \frac{1}{7}, \; \ldots$$

$$1, \; 1, \; 1, \; 1, \; \frac{1}{2}, \; \frac{1}{3}, \; \frac{1}{4}, \; \frac{1}{5}, \; \frac{1}{6}, \; \ldots$$

$$\cdot \; \cdot \; \cdot \; \cdot \; \cdot \; \cdot \; \cdot \; \cdot \; \cdot \; \cdot \; \cdot \; \cdot \; \cdot \; \cdot \; \cdot$$

Bei dieser Doppelfolge ist der Grenzwert jeder Zeile 0, der jeder Spalte 1, d.h. es gilt:

$$\lim_{n \to \infty} a_{mn} = 0 \text{ für jedes feste } m$$

$$\lim_{m \to \infty} a_{mn} = 1 \text{ für jedes feste } n$$

In diesem Falle gilt sogar:

$$\lim_{m \to \infty} \lim_{n \to \infty} a_{mn} = 0 \quad \text{und} \quad \lim_{n \to \infty} \lim_{m \to \infty} a_{mn} = 1$$

Trotzdem ist die Doppelfolge nicht konvergent. Denn nach Definition 12 muß man zu jedem $\varepsilon > 0$ zwei Zahlen M und N angeben können, so daß jedesmal $|a_{mn} - g| < \varepsilon$ wird, sobald nur $m > M$ und $n > N$.
Vermuteten wir 0 als Grenzwert, so brauchte ich bei jedem angenommenen N nur m genügend groß zu wählen, um ein $a_{mn} = 1$ zu finden. Gingen wir aber von 1 als vermutlichem Grenzwert aus, so könnte ich für jedes M ein genügend großes n wählen, um ein a_{mn} zu finden, das sehr nahe bei 0 liegt, sich also auf jeden Fall um mehr als ε von 1 unterscheidet.
Um eine hinreichende Bedingung für die Konvergenz der Doppelfolge angeben zu können, brauchen wir noch den Begriff der gleichmäßigen Konvergenz einfacher Zahlenfolgen.

Definition 13:

> Mehrere konvergente Zahlenfolgen (a'_n), (a''_n), (a'''_n), ... mit
>
> $$\lim_{n\to\infty} a'_n = g'$$
>
> $$\lim_{n\to\infty} a''_n = g''$$
>
> $$\lim_{n\to\infty} a'''_n = g'''$$
>
> **konvergieren gleichmäßig**, wenn zu jedem $\varepsilon > 0$ ein einziger Index N angegeben werden kann, so daß für jedes $\nu = 1, 2, 3, ...$
>
> $$|a_n^{(\nu)} - g^{(\nu)}| < \varepsilon \quad \text{wird,}$$
>
> sobald nur $n > N$ ist.

Handelt es sich um endlich viele konvergente Zahlenfolgen, so ist die Bedingung der gleichmäßigen Konvergenz von selbst erfüllt. Denn in jeder Folge gibt es zu einem bestimmten $\varepsilon > 0$ ein N_i, so daß in der i-ten Folge stets $|a_n^{(i)} - g^{(i)}| < \varepsilon$ ist, sobald nur $n > N_i$. Für das größte unter diesen N_i muß diese Bedingung dann von selbst in allen Folgen erfüllt sein. Interessant ist die Bedingung der gleichmäßigen Konvergenz daher nur für unendlich viele Zahlenfolgen.

Lehrsatz 19:

> **Konvergieren sämtliche Zeilen einer zweifach unendlichen Zahlenfolge gleichmäßig gegen den gleichen Grenzwert, so ist dieser gleichzeitig Simultanlimes der Doppelfolge.**

Beweis:

Da in allen Zeilen gleichmäßige Konvergenz gegen denselben Grenzwert g besteht, muß zu einem beliebig klein vorgegebenen $\varepsilon > 0$ ein ganz bestimmtes N existieren, so daß

$$|a_{mn} - g| < \varepsilon$$

gilt, wobei m beliebig und $n > N$ ist. Damit ist die Existenz des Simultanlimes der Doppelfolge aber bereits erwiesen, denn wenn die Ungleichung sogar für jedes m gilt, so brauche ich nach einem M nicht erst zu suchen; ich kann jedesmal $M = 0$ annehmen.

26

Anmerkung:

Die Konvergenz der Doppelfolge ist schon dann nachweisbar, wenn die Voraussetzung des Lehrsatzes 19 dahingehend eingeschränkt wird, daß endlich viele Zeilen von der gleichmäßigen Konvergenz ausgenommen sind oder gegen einen anderen Grenzwert oder überhaupt nicht konvergieren. Denn dann muß man eben M so groß wie den Zeilenindex der letzten nicht an der gleichmäßigen Konvergenz teilnehmenden Zeile wählen. Umgekehrt ist einzusehen, daß die Konvergenz einer Doppelfolge durch Hinzufügung endlich vieler ganz beliebiger Zeilen oder Spalten nicht beeinträchtigt werden kann. Schließlich sei darauf hingewiesen, daß die Glieder einer zweifach unendlichen Zahlenfolge an ihrer Hauptdiagonale gespiegelt werden können, ohne daß sich an der Konvergenz etwas ändert. Durch diese Spiegelung werden die Zeilen zu Spalten und die Spalten zu Zeilen. Der Lehrsatz 19 hat demnach auch Gültigkeit, wenn man die vorausgesetzte gleichmäßige Konvergenz der Zeilen durch die der Spalten ersetzt.

Weitere Beispiele für zweifach unendliche Zahlenfolgen.

1. $a_{mn} = \dfrac{1}{m \cdot n}$

$$1,\ \frac{1}{2},\ \frac{1}{3},\ \frac{1}{4},\ \frac{1}{5},\ \frac{1}{6},\ \frac{1}{7},\ \cdots$$

(a_{mn}):

$$\frac{1}{2},\ \frac{1}{4},\ \frac{1}{6},\ \frac{1}{8},\ \frac{1}{10},\ \frac{1}{12},\ \frac{1}{14},\ \cdots$$

$$\frac{1}{3},\ \frac{1}{6},\ \frac{1}{9},\ \frac{1}{12},\ \frac{1}{15},\ \frac{1}{18},\ \frac{1}{21},\ \cdots$$

$$\frac{1}{4},\ \frac{1}{8},\ \frac{1}{12},\ \frac{1}{16},\ \frac{1}{20},\ \frac{1}{24},\ \frac{1}{28},\ \cdots$$

$$\cdots\cdots\cdots\cdots\cdots\cdots\cdots\cdots$$

Hier liegt eine sogenannte symmetrische Doppelfolge vor, weil bei Spiegelung an der Hauptdiagonalen die Folge in sich selbst übergeht. Alle Zeilen und Spalten konvergieren gegen 0. Der Simultanlimes ist ebenfalls 0.

2. $a_{mn} = \dfrac{(m-1) \cdot (n-1)}{m \cdot n}$

$$0,\ 0,\ 0,\ 0,\ 0,\ 0,\ 0,\ \ldots$$

(a_{mn}):

$$0,\ \frac{1}{4},\ \frac{1}{3},\ \frac{3}{8},\ \frac{2}{5},\ \frac{5}{12},\ \frac{3}{7},\ \cdots$$

$$0,\ \frac{1}{3},\ \frac{4}{9},\ \frac{1}{2},\ \frac{8}{15},\ \frac{5}{9},\ \frac{4}{7},\ \cdots$$

$$0,\ \frac{3}{8},\ \frac{1}{2},\ \frac{9}{16},\ \frac{3}{5},\ \frac{5}{8},\ \frac{9}{14},\ \cdots$$

$$\cdots\cdots\cdots\cdots\cdots\cdots\cdots\cdots$$

Diese ebenfalls konvergente Doppelfolge ist ein Beispiel dafür, daß die hinreichende Bedingung des Lehrsatzes 19 für die Konvergenz der Doppelfolge nicht notwendig ist. Alle Zeilen konvergieren, aber weder gleichmäßig, noch gegen den gleichen Grenzwert. Vielmehr ist

$$\lim_{n \to \infty} a_{1n} = 0$$

$$\lim_{n \to \infty} a_{2n} = \frac{1}{2}$$

$$\lim_{n \to \infty} a_{3n} = \frac{2}{3} \qquad \text{allgemein} \qquad \lim_{n \to \infty} a_{mn} = \frac{m-1}{m}$$

$$\lim_{n \to \infty} a_{4n} = \frac{3}{4}$$

$$\cdots\cdots\cdots\cdots$$

Da auch diese Folge symmetrisch ist, besitzen die Spalten die gleichen Grenzwerte wie die entsprechenden Zeilen:

$$\lim_{m \to \infty} a_{mn} = \frac{n-1}{n} \,.$$

Die Doppelfolge ist konvergent. Es gilt

$$\lim_{m,\,n \to \infty} a_{mn} = 1 \,.$$

Übungsaufgaben:

1. Untersuche die folgenden Zahlenfolgen auf Häufungspunkte:

   a) $1, 0, 1, 0, 1, 0, 1, 0, \ldots$;

   b) $\dfrac{1}{2}, \dfrac{2}{3}, \dfrac{1}{3}, \dfrac{3}{4}, \dfrac{1}{4}, \dfrac{4}{5}, \dfrac{1}{5}, \dfrac{5}{6}, \dfrac{1}{6}, \ldots$;

   c) $1, 2, 3, \dfrac{1}{2}, \dfrac{1}{4}, \dfrac{1}{8}, 4, 5, 6, \dfrac{1}{16}, \dfrac{1}{32}, \dfrac{1}{64}, 7, 8, 9, \ldots$;

   d) $1, 1{,}1, 1{,}11, 1{,}111, 1{,}1111, 1{,}11111, \ldots$;

   e) $\dfrac{3}{2}, -\dfrac{6}{5}, \dfrac{9}{8}, -\dfrac{12}{11}, \dfrac{15}{14}, -\dfrac{18}{17}, \ldots$;

   f) $0, \dfrac{1}{7}, \dfrac{1}{5}, \dfrac{3}{13}, \dfrac{1}{4}, \dfrac{5}{19}, \dfrac{3}{11}, \ldots$.

2. Welche der unter 1. genannten Zahlenfolgen sind a) monoton, b) beschränkt, c) konvergent, d) divergent, ohne über alle Grenzen zu wachsen?

3. Gib eine geschlossene Form für das allgemeine Glied der folgenden Zahlenfolgen an:

   a) $1, -\dfrac{1}{2}, \dfrac{1}{3}, -\dfrac{1}{4}, \dfrac{1}{5}, -\dfrac{1}{6}, \dfrac{1}{7}, \ldots$;

b) $0, \dfrac{1}{2}, -\dfrac{2}{3}, \dfrac{3}{4}, -\dfrac{4}{5}, \dfrac{5}{6}, -\dfrac{6}{7}, \ldots$;

c) $\dfrac{2}{3}, \dfrac{3}{7}, \dfrac{4}{11}, \dfrac{1}{3}, \dfrac{6}{19}, \dfrac{7}{23}, \dfrac{8}{27}, \ldots$;

d) $1, -2, -\dfrac{9}{7}, -\dfrac{8}{7}, -\dfrac{25}{23}, -\dfrac{18}{17}, -\dfrac{49}{47}, \ldots$,

e) $\dfrac{1}{2}, \dfrac{4}{3}, \dfrac{9}{4}, \dfrac{16}{5}, \dfrac{25}{6}, \dfrac{36}{7}, \ldots$;

f) $-\dfrac{1}{5}, \dfrac{2}{7}, -\dfrac{1}{3}, \dfrac{4}{11}, -\dfrac{5}{13}, \dfrac{2}{5}, \ldots$.

4. Untersuche die unter 3. angegebenen Zahlenfolgen auf ihre Konvergenz bezw. auf Häufungspunkte.

5. Gib die ersten 8 Glieder der folgenden Zahlenfolgen an und untersuche sie auf Monotonie.

a) $a_n = \dfrac{2n-5}{n+3}$;

d) $a_n = \dfrac{(n+1)\cdot(2n-1)}{n+2}$;

g) $a_n = \dfrac{3-n^3}{3n^2}$;

b) $a_n = \dfrac{2n-3}{n^3+1}$;

e) $a_n = \dfrac{(n+1)\cdot(2n-1)}{n^3+2}$;

h) $a_n = \dfrac{3n^3-3}{2n\cdot(n-1)}$;

c) $a_n = \dfrac{3n^3+2n+3}{n^3-2n+2}$;

f) $a_n = \dfrac{(n+1)\cdot(2n-1)}{(n^3+2)\cdot n}$;

i) $a_n = \dfrac{3-2n}{n^2-3n-1}$.

6. Untersuche die unter 5. angegebenen Zahlenfolgen auf ihre Konvergenz.

7. Beweise, daß jede geometrische Zahlenfolge konvergiert, wenn ihr Quotient q der Bedingung

$$-1 < q \leqq 1$$

unterliegt, und daß sie divergiert, wenn die Bedingung nicht erfüllt ist.

8. Schreibe die ersten 8 Glieder der ersten 8 Zeilen der folgenden Doppelfolgen (a_{mn}) auf und untersuche sie auf Konvergenz.

a) $a_{mn} = \dfrac{(-1)^n}{m\cdot n}$;

e) $a_{mn} = \dfrac{n^2}{m^2+n^2}$;

b) $a_{mn} = \dfrac{2}{m+n}$;

f) $a_{mn} = (-1)^m \dfrac{n-1}{m\cdot n}$;

c) $a_{mn} = \dfrac{m}{m+n}$;

g) $a_{mn} = \dfrac{(m-1)\cdot(n-1)}{m\cdot n}$;

d) $a_{mn} = (-1)^{m\cdot n}\cdot \dfrac{m}{m^2+n^2}$;

h) $a_{mn} = (-1)^{m+n}\cdot \dfrac{m-1}{m\cdot n}$.

§ 3. Der Wahrscheinlichkeitsbegriff bei Richard von Mises

1. Fällt bei 100 Würfen eines Würfels 19 mal die „6", so sagen wir, die „6" sei bei 100 Würfen mit der „absoluten Häufigkeit" 19 aufgetreten. Als „relative Häufigkeit" bezeichnen wir den Bruch $\frac{19}{100}$. Die relative Häufigkeit des Nichtauftretens der „6" wäre dann $\frac{81}{100}$. Würde die „6" bei weiteren 900 Würfen weitere 142 mal fallen, so wäre 161 die absolute Häufigkeit der „6" bei 1000 Würfen, der relativen Häufigkeit der „6" würde für die 1000 Würfe entsprechend der Wert $\frac{161}{1000}$ beizulegen sein. Die Wahrscheinlichkeit dafür, daß die relative Häufigkeit bei n Versuchen den Wert $\frac{1}{6}$ oder einen sich um weniger als $\frac{1}{n}$ von $\frac{1}{6}$ unterscheidenden Wert besitzt, ist nach dem Gesetz der großen Zahlen (Beiheft 7, § 8) größer als jede Wahrscheinlichkeit dafür, daß sie irgendeinen anderen Wert annimmt. Würfelten wir unentwegt weiter, so würde daher das Höchstmaß des Unterschiedes zwischen dem mit maximaler Wahrscheinlichkeit zu erwartenden Wert der relativen Häufigkeit und dem Wert $\frac{1}{6}$ kleiner und kleiner und strebte schließlich dem Grenzwert 0 zu.

2. Gehen wir allgemeiner von einer langen Serie von Versuchen aus, von denen jeder einzelne ein bestimmtes Merkmal $\mathfrak{M}$ aufweisen kann, so definiert *v. Mises* die absolute und die relative Häufigkeit für das Auftreten von $\mathfrak{M}$ ganz entsprechend:
Absolute Häufigkeit $m(n)$ ist die Anzahl derjenigen unter den ersten n Versuchen, bei denen das Merkmal $\mathfrak{M}$ aufgetreten ist; der Quotient $\frac{m(n)}{n}$ ist die relative Häufigkeit für das Auftreten von $\mathfrak{M}$ in den ersten n Versuchen. Somit sind absolute und relative Häufigkeit Funktionen der Versuchsnummer n. Relative Häufigkeit für das Nichteintreten von $\mathfrak{M}$ (oder für das Eintreten des zu $\mathfrak{M}$ alternativen Merkmals $\overline{\mathfrak{M}}$) ist analog $\frac{n-m(n)}{n}$.

Strebt der Quotient $\frac{m(n)}{n}$ bei über alle Grenzen wachsendem n einem

Grenzwert zu, so nennt *v. Mises* ihn unter gewissen noch zu besprechenden Bedingungen die mathematische Wahrscheinlichkeit w für das Auftreten des Merkmals $\mathfrak{M}$ in der Versuchsserie. Falls die rechte Seite einen Sinn hat, wäre dann also:

$$w = \lim_{n \to \infty} \frac{m(n)}{n}$$

Diese Gleichung, deren Form genau mit der Formel des Gesetzes der großen Zahlen (Beiheft 7, Seite 49, Formel 41) übereinstimmt, ist inhaltlich völlig verschieden von dieser. Das kann nicht nachdrücklich genug betont werden, weil beide immer wieder gedanklich durcheinandergebracht und selbst in zahlreichen Lehrbüchern der Wahrscheinlichkeitsrechnung verwechselt bzw. nicht klar genug auseinandergehalten werden. Das Gesetz der großen Zahlen sagt aus, daß ein ganz genau bestimmtes, im voraus berechenbares Zahlenverhältnis $\dfrac{m}{n}$, von dem man weiß, daß es bei n anzustellenden Versuchen mit größerer Wahrscheinlichkeit als jedes andere zu erwarten ist, mit wachsendem n sich dem Grenzwert w nähern muß, wobei man bereits mit Sicherheit weiß, daß es den Wahrscheinlichkeitswert w für gewisse n genau annimmt, nämlich dann und nur dann, wenn n w eine ganze Zahl ist. Die obige Gleichung dagegen bezieht sich auf einen Quotienten $\dfrac{m(n)}{n}$, dessen Zahlenwert sich aus dem Ergebnis einer wirklich angestellten Versuchsreihe ergibt. An die Erwartung, daß die Folge dieser Quotienten mit wachsendem n einem Grenzwert zustrebt, wird die Definition der mathematischen Wahrscheinlichkeit geknüpft. Die Existenz dieses letzteren Grenzwertes folgt aber nicht etwa aus dem Gesetz der großen Zahlen. Die Kluft zwischen beiden Gleichungen wird gedanklich durch das *Bernoulli*sche Theorem (Beiheft 7, § 10) überbrückt, welches im wesentlichen aussagt, daß die Wahrscheinlichkeit für das $(n \cdot w)$-malige Eintreffen des Merkmals mit Einschluß einer gewissen, gegen 0 konvergierenden prozentualen Streuung dem Grenzwert 1 zustrebt.

Aus der Existenz des Grenzwertes der relativen Häufigkeit des Merkmals $\mathfrak{M}$ folgt, daß auch die Folge der relativen Häufigkeiten für das Alternativmerkmal $\overline{\mathfrak{M}}$ konvergiert; und zwar ist dann

$$\lim_{n \to \infty} \frac{n - m(n)}{n} = 1 - \lim_{n \to \infty} \frac{m(n)}{n} \cdot$$

v. Mises knüpft nun an die obige Definition der mathematischen Wahrscheinlichkeit als Grenzwert der relativen Häufigkeiten eine weitere Bedingung, die wir jetzt besprechen wollen.

3. Wir bezeichnen die Glieder einer unendlichen Versuchsserie als Elemente $\mathfrak{E}_1, \mathfrak{E}_2, \mathfrak{E}_3, \ldots$ und numerieren sie von 1 an, indem wir jedes Element mit einem Index versehen. Dann bilden wir durch Auswahl von unendlich vielen Elementen eine neue Versuchsserie. Dies kann auf die verschiedensten Arten geschehen:

a) Die Indices der ausgewählten, die neue Folge bildenden Elemente werden durch eine arithmetische Vorschrift bestimmt. Beispielsweise wählt man diejenigen Elemente aus,

α) deren Index größer als 100 ist oder

β) deren Index durch 5 teilbar ist oder

γ) deren Index um 3 größer ist als eine Primzahl, und so fort.

b) Durch Zuordnung der in einer anderen Versuchsserie vorkommenden Merkmale wird eine Zahlenfolge festgelegt; diese Zahlenfolge bestimmt die ·Indices der auszuwählenden Elemente. Beispielsweise wählt man alle Elemente $\mathfrak{E}_r$ aus, wenn

α) bei dem Element $\mathfrak{F}_r$ einer ganz anderen Versuchsserie ein bestimmtes Merkmal $\mathfrak{X}$ auftritt oder

β) bei dem Element $\mathfrak{G}_r$ einer wiederum anderen Versuchsserie ein bestimmtes Merkmal $\mathfrak{Y}$ nicht auftritt.

c) Durch Zuordnung der Merkmale der betrachteten oder einer anderen Versuchsserie in Verbindung mit einer arithmetischen Vorschrift werden die Indices der auszuwählenden Elemente bestimmt. Beispielsweise

α) wählt man alle mit einer geraden Zahl als Index versehenen Elemente $\mathfrak{E}_{2r}$ dann aus, wenn $\mathfrak{E}_r$ das Merkmal $\mathfrak{M}$ aufweist, oder

β) man streicht alle Elemente $\mathfrak{E}_{r+1}$ weg, die auf ein mit dem Merkmal $\mathfrak{M}$ behaftetes Element $\mathfrak{E}_r$ folgen, oder

γ) man wählt alle Elemente $\mathfrak{E}_{4r}$ aus, deren Index den vierfachen Wert desjenigen eines Elementes $\mathfrak{F}_r$ einer anderen Versuchsserie besitzt, auf das ein bestimmtes Merkmal $\mathfrak{X}$ zutrifft.

4. Jedes in 3. angegebene Verfahren zur Auswahl einer Teilserie aus der ursprünglichen Versuchsserie nennt *v. Mises* eine „zulässige Stellenauswahl". Allgemein ist eine Stellenauswahl im *v. Mises*schen Sinne zulässig, wenn sie nach einer bestimmten Vorschrift erfolgt, die entweder von dem Auftreten des Merkmals $\mathfrak{M}$ überhaupt unabhängig ist oder bei der doch die Entscheidung darüber, ob ein bestimmtes Glied der Versuchsserie ausscheiden soll oder nicht, nicht von dem Auftreten des Merkmals $\mathfrak{M}$ in *demselben* Glied abhängig gemacht wird.

5. Existiert für eine Versuchsserie in bezug auf das Merkmal $\mathfrak{M}$ der Grenzwert der in 2. definierten relativen Häufigkeiten

$$w = \lim_{n \to \infty} \frac{m(n)}{n},$$

existiert ferner der Grenzwert der relativen Häufigkeiten für jede durch eine gemäß 4. zulässige Stellenauswahl zustande gekommene Teilserie und hat er in bezug auf das gleiche Merkmal schließlich in jeder dieser Teilserien den gleichen Wert, so ist die Versuchsserie im *v. Mises*schen Sinne *regellos*. Die Forderung der Regellosigkeit ist inhaltlich gleichbedeutend mit dem im Beiheft 7, Seite 32, ausgesprochenen Satz vom ausgeschlossenen Spielsystem. Das Prinzip der Regellosigkeit wird deshalb auch „Prinzip vom ausgeschlossenen Spielsystem" genannt.

6. Jede die Forderung der Regellosigkeit gemäß 5. erfüllende Versuchsserie nennt *v. Mises* ein *Kollektiv*. Nur für Kollektivs wird der Begriff der mathematischen Wahrscheinlichkeit definiert:

Definition 14:

Ist eine Versuchsserie in bezug auf ein Merkmal $\mathfrak{M}$ ein **Kollektiv**, so ist die mathematische Wahrscheinlichkeit w für das Auftreten des Merkmals $\mathfrak{M}$ in diesem Kollektiv dem Grenzwert der relativen Häufigkeiten gleich:

$$w = \lim_{n \to \infty} \frac{m(n)}{n}$$

Dabei bedeutet $m(n)$ die Anzahl der ersten n Elemente des Kollektivs, auf die das Merkmal $\mathfrak{M}$ zutrifft.

7. Die Kollektivs sind wegen der Forderung der Regellosigkeit mathematisch nicht erfaßbar. Denn die Annahme, daß ein Kollektiv durch eine irgendwie geartete arithmetische Vorschrift festgelegt sei, führt sofort zu einem Widerspruch in sich.
Stellen wir uns beispielsweise ein Kollektiv vor, das eine aus Einsen und Nullen bestehende Zahlenfolge ist. Nehmen wir weiter an, die relativen Häufigkeiten für das Vorkommen der „1" strebten dem Grenzwert $\frac{1}{2}$ zu. Würde es irgendeine Rechenvorschrift geben, die uns angibt, an welchen Stellen der Ziffernfolge eine „1" steht, so könnte ich durch Anwendung derselben Rechenvorschrift eine Stellenauswahl vornehmen, die zu einer unendlichen, nur aus Einsen bestehenden Teilfolge führt. Die Stellenauswahl ist zulässig wie jede Stellenauswahl, die auf Grund einer Rechenvorschrift erfolgt. Andererseits hat jede relative Häufigkeit für das Vorkommen der „1" in der Teilfolge den Wert 1; ihr Grenzwert ist deshalb auch 1 gegenüber $\frac{1}{2}$ bei der ursprüng-

lichen Folge. Die ursprüngliche Folge kann daher kein Kollektiv sein, weil die Definition des Kollektivs verlangt, daß der Grenzwert der relativen Häufigkeiten durch keine zulässige Stellenauswahl verändert wird.

Die Forderung der Regellosigkeit bringt es daher notwendigerweise mit sich, daß kein Beweis für die Existenz von Kollektivs erbracht werden kann. Wir wissen also nicht einmal, ob es überhaupt ein Kollektiv gibt. *v. Mises* begnügt sich mit der „abstrakten logischen Existenz, die allein darin liegt, daß sich mit den eingeführten Begriffen widerspruchsfrei operieren läßt". *Karl Dörge* spricht von den Kollektivs als von „physikalischen Gegebenheiten".

8. Gegen die *v. Mises*sche Wahrscheinlichkeitstheorie sind ernste Bedenken erhoben worden, die sich vor allem auf die unübersehbare Forderung der Regellosigkeit und die sich daraus ergebenden Folgerungen beziehen und die sich in jüngster Zeit erheblich verdichtet haben. *v. Mises* hat diese Bedenken in zahlreichen Vorträgen und Abhandlungen zu entkräften versucht. Er weist unter anderem darauf hin, daß bei einer in bestimmtem Sinne eingeschränkten Regellosigkeitsforderung der Existenzbeweis für diese kollektivähnlichen Versuchsserien geführt werden kann. Die Forderung der Regellosigkeit wird dadurch eingeschränkt, daß man nur wenige, besser übersehbare Stellenauswahlen zuläßt. So kann man sich darauf beschränken, diejenigen Elemente auszuwählen, deren Indices Vielfache einer bestimmten natürlichen Zahl ν sind. Folgen, für die der Grenzwert der relativen Häufigkeiten bei jeder so entstandenen Teilfolge erhalten und der Größe nach unverändert bleibt und für die dies bei *jeder* ganzen Zahl ν gilt, pflegt man *Bernoulli*sche Folgen zu nennen. *Bernoulli*sche Folgen lassen sich aber auf Grund bestimmter Vorschriften explizit herstellen. Die Untersuchung der *Bernoulli*schen Folgen, deren Existenz damit bewiesen ist, führt zu nützlichen Ergebnissen, und viele Probleme der Wahrscheinlichkeitsrechnung lassen sich an Hand von *Bernoulli*schen Folgen behandeln. Viele Fragen bleiben jedoch unbeantwortet, so *daß die v. Mises*sche *Theorie letzten Endes nicht auf die uneingeschränkte Forderung der Regellosigkeit verzichten kann.*

§ 4. Wahrscheinlichkeit a posteriori ohne Forderung der Regellosigkeit

Wie angedeutet, kann man in der *v. Mises*schen Regellosigkeitsforderung einen Widerspruch in sich sehen. Wir wollen deshalb—wie es heute meist geschieht — die mathematische Wahrscheinlichkeit als Grenzwert der relativen Häufigkeiten definieren, auf die umstrittene Regellosigkeitsforderung jedoch verzichten. Statt dessen müssen wir in gewissen Fällen andere zusätzliche Voraussetzungen machen, wenn wir die grundlegenden Gesetze der Wahrscheinlichkeitsrechnung beweisen wollen. Unter diesen Voraussetzungen, die im Einzelfall die summarische Forderung der Regellosigkeit ersetzen, spielt der wohldefinierbare Begriff der Unabhängigkeit von Ereignissen und Merkmalen eine wesentliche Rolle. Zu den Pionieren unter den Mathematikern, die diesen Weg eingeschlagen haben, gehört vor allem *Erich Kamke*.

Definition 15:

Unter einer **Ereignisfolge**, kurz $\mathfrak{E}$-Folge genannt

$$\mathfrak{E}: \mathfrak{E}_1, \mathfrak{E}_2, \mathfrak{E}_3, \mathfrak{E}_4, \mathfrak{E}_5, \ldots$$

verstehen wir eine unendliche Folge von Ereignissen, Tatbeständen, Aussagen oder sonst irgendwelchen Dingen. Insbesondere wird auch jede beliebige unendliche Zahlenfolge als $\mathfrak{E}$-Folge angesehen.

Wir denken uns einer Ereignisfolge Merkmale derart zugeordnet, daß bei jedem Einzelereignis $\mathfrak{E}_r$ eindeutig entschieden ist, ob ihm ein bestimmtes Merkmal $\mathfrak{M}$ zukommt oder nicht. Die Anzahl derjenigen unter den ersten n Ereignissen $\mathfrak{E}_1, \mathfrak{E}_2, \mathfrak{E}_3, \ldots \mathfrak{E}_n$ einer $\mathfrak{E}$-Folge, auf die ein Merkmal $\mathfrak{M}$ zutrifft, nennen wir die absolute Häufigkeit und bezeichnen sie mit

$$H_n(\mathfrak{E}, \mathfrak{M}).$$

Der Quotient

$$h_n(\mathfrak{E}, \mathfrak{M}) = \frac{H_n(\mathfrak{E}, \mathfrak{M})}{n}$$

wird als relative Häufigkeit für das Auftreten des Merkmals $\mathfrak{M}$ in der $\mathfrak{E}$-Folge bezeichnet. $H_n(\mathfrak{E}, \mathfrak{M})$ und $h_n(\mathfrak{E}, \mathfrak{M})$ sind dann offenbar unendliche Zahlenfolgen im Sinne der Definitionen 1 und 2.

Definition 16:

> Strebt die Folge der relativen Häufigkeiten einer $\mathfrak{E}$-Folge in bezug auf das Merkmal $\mathfrak{M}$ bei über alle Grenzen wachsendem n einem Grenzwert im Sinne der Definition 9 zu, so nennen wir ihn die **mathematische Wahrscheinlichkeit für das Auftreten des Merkmals $\mathfrak{M}$** in der betreffenden Ereignisfolge. Die $\mathfrak{E}$-Folge nennen wir **Wahrscheinlichkeitsfolge,** kurz **$\mathfrak{W}$-Folge** in bezug auf das Merkmal $\mathfrak{M}$.
>
> $$w(\mathfrak{E}, \mathfrak{M}) = \lim_{n\to\infty} h_n(\mathfrak{E}, \mathfrak{M}) = \lim_{n\to\infty} \frac{H_n(\mathfrak{E}, \mathfrak{M})}{n}$$

Der Zahlenwert der soeben definierten Wahrscheinlichkeit „a posteriori" weist gegenüber dem der Wahrscheinlichkeit „a priori" im klassischen Sinne (Beiheft 7, § 2) zwei wesentliche Unterschiede auf:

a) Die Wahrscheinlichkeit „a priori" ist — wenn wir von der geometrischen oder kontinuierlichen Wahrscheinlichkeit absehen — stets rational, denn sie ist einem Quotienten aus zwei ganzen Zahlen gleich. Die Wahrscheinlichkeit „a posteriori" kann auch einen irrationalen Wert besitzen. Die relativen Häufigkeiten $h_n(\mathfrak{E}, \mathfrak{M})$ bilden zwar auch eine Folge rationaler Zahlen; diese kann jedoch durchaus einem irrationalen Grenzwert zustreben. Jeder reelle Wert zwischen 0 und 1 kommt dafür in Betracht.

b) In der klassischen Theorie läßt sich von dem Wert $w = 0$ auf Unmöglichkeit, von $w = 1$ auf Sicherheit des Auftretens eines Merkmals schließen, denn nur, wenn die Anzahl der für das Auftreten eines Merkmals günstigen Fälle verschwindet ($g = 0$) wird $w = 0$, und nur bei Gleichheit der Zahl der günstigen und der überhaupt möglichen Fälle ($g = m$) kann w den Wert 1 annehmen.

Bei Zugrundelegung der modernen Definition als Grenzwert der relativen Häufigkeiten (Definition 16) versagt diese Schlußfolgerung. Auch bei $w = 0$ kann das Merkmal gelegentlich auftreten, nicht nur endlich oft (wobei w stets verschwindet), sondern sogar unendlich oft, eben nur „relativ selten". Entsprechend kann es unter Umständen unendlich oft nicht erscheinen, ohne daß deswegen w kleiner als 1 werden muß.

Beispiele:

1. Gegeben sei die nur aus Nullen und Einsen bestehende Ereignisfolge

$$\mathfrak{E}: 1, 0, 1, 0, 1, 0, 1, 0, 1, 0, 1, 0, \ldots$$

Wir hätten auch schreiben können: Es sei $\mathfrak{E}_n = \frac{1}{2}\cdot\left(1 + (-1)^{n+1}\right)$. Verstehen wir unter dem Merkmal $\mathfrak{M}$ das Auftreten der Zahl 1 in dieser

Folge, so erhalten wir für die darauf bezogenen absoluten und relativen Häufigkeiten

$$H_n(\mathfrak{E}, \mathfrak{M}): \qquad 1, \ 1, \ 2, \ 2, \ 3, \ 3, \ 4, \ 4, \ 5, \ 5, \ 6, \ 6, \ldots$$

$$h_n(\mathfrak{E}, \mathfrak{M}): \qquad 1, \frac{1}{2}, \frac{2}{3}, \frac{1}{2}, \frac{3}{5}, \frac{1}{2}, \frac{4}{7}, \frac{1}{2}, \frac{5}{9}, \frac{1}{2}, \frac{6}{11}, \frac{1}{2}, \ldots$$

oder

$$H_n(\mathfrak{E}, \mathfrak{M}) = \left[\frac{n+1}{2}\right], \qquad h_n(\mathfrak{E}, \mathfrak{M}) = \frac{\left[\dfrac{n+1}{2}\right]}{n}.$$

Offenbar[1] konvergiert die Folge der $h_n(\mathfrak{E}, \mathfrak{M})$, und zwar ist

$$w(\mathfrak{E}, \mathfrak{M}) = \lim_{n \to \infty} h_n(\mathfrak{E}, \mathfrak{M}) = \frac{1}{2}.$$

Wir können deshalb sagen, die Zahl 1 trete in unserer $\mathfrak{E}$-Folge, die damit in bezug auf das Merkmal 1 eine Wahrscheinlichkeitsfolge ist, mit der Wahrscheinlichkeit $\frac{1}{2}$ auf.

Anmerkung:

Unsere soeben betrachtete $\mathfrak{E}$-Folge ist jedoch kein Kollektiv im *v.Mises*schen Sinne. Denn lassen wir in der Folge jedes zweite Glied weg, so erhalten wir

$$\mathfrak{E}': \ 1, \ 1, \ 1, \ 1, \ 1, \ 1, \ 1, \ldots$$

Damit haben wir aber eine nach *v. Mises* „zulässige Stellenauswahl" vorgenommen. In der Folge $\mathfrak{E}'$ besitzt der Grenzwert der relativen Häufigkeiten in bezug auf das Auftreten der Zahl 1 den Wert 1, hat sich also gegenüber dem ursprünglichen Grenzwert $\frac{1}{2}$ verändert. In § 3, Ziffer 7, hatten wir ja auch bereits erkannt, daß eine gesetzmäßig aufgebaute Zahlenfolge niemals ein Kollektiv sein kann.

2. Ein geworfener Würfel zeigt die Augenzahlen

$$\mathfrak{E}: \ 2, 5, 5, 6, 2, 3, 3, 3, 4, 5, 5, 2, 6, 2, 3, 3, 6, 2, 3, 1, 3, 4, 2, 5,$$
$$1, 3, 3, 1, 4, 5, 1, 2, 2, 4, 1, 1, 3, 5, 4, 6, 5, 1, 2, 2, 2, 3, 5, 4,$$
$$1, 1, 5, 6, 2, 6, 6, 2, 4, 1, 3, 4, \ldots$$

---

[1] Der folgende § 5 enthält den Beweis hierfür.

$$H_{60}(\mathfrak{C}, 1) = 10; \quad h_{60}(\mathfrak{C}, 1) = \frac{1}{6};$$

$$H_{60}(\mathfrak{C}, 3) = 12; \quad h_{60}(\mathfrak{C}, 3) = \frac{1}{5};$$

$$H_{60}(\mathfrak{C}, 6) = 7; \quad h_{60}(\mathfrak{C}, 6) = \frac{7}{60}.$$

Ist dies eine Wahrscheinlichkeitsfolge? Wir können es nicht beweisen, sondern nur vermuten, weil wir nicht unendlich oft würfeln können. Aus demselben Grunde läßt sich niemals mit Sicherheit sagen, ob eine Ereignisfolge ein Kollektiv im *v. Mises*schen Sinne ist. In diesem Falle dürfen wir es annehmen. Hier tritt die Problematik jeder Wahrscheinlichkeit „a posteriori" zutage.

3. Die Existenz und Anwendbarkeit des modernen Wahrscheinlichkeitsbegriffes als Grenzwert der relativen Häufigkeiten einer Ereignisfolge oder Versuchsserie setzt die — wie wir soeben gesehen haben, durchaus nicht selbstverständliche — Existenz dieses Grenzwertes voraus. Daß die Folge der relativen Häufigkeiten in der Praxis sich im allgemeinen einem bestimmten Wert mehr und mehr nähert, erkennt man zum Beispiel, wenn man sehr lange Würfelserien ausführt. Bei regelmäßigen Würfeln nähert sich der Wert der relativen Häufigkeiten für das Vorkommen einer bestimmten Augenzahl immer mehr dem Wert $\frac{1}{6}$. Gleichzeitig hat man aber damit die Möglichkeit, festzustellen, ob der Würfel einwandfrei ist oder nicht. Während man in der klassischen Wahrscheinlichkeitsrechnung auf den Fall des „richtigen" Würfels angewiesen war, kann man jetzt auch jeden anderen Wert, dem sich die aus dem Experiment hervorgegangenen relativen Häufigkeiten nähern, für die Wahrscheinlichkeit zugrunde legen.
Einen Nachweis für die Annäherung der experimentell gefundenen relativen Häufigkeiten an einen bestimmten Grenzwert liefert die Auswertung des im Beiheft 7, Seite 76 ff., behandelten *Buffon*schen Nadelproblems. So hat *R. Wolf*, Zürich, eine Nadel der Länge $c = 18$ mm sehr oft wahllos auf ein Brett geworfen, auf das Parallelen im Abstand $a = 22{,}5$ mm eingezeichnet waren. Nach den Ergebnissen der klassischen Wahrscheinlichkeitsrechnung hat die Wahrscheinlichkeit dafür, daß eine willkürlich geworfene Nadel eine der Parallelen trifft, den Wert

$$w = \frac{2 \cdot c}{\pi \cdot a}.$$

Bei *Wolfs* Versuchen traf eine 5000 mal geworfene Nadel 2532 mal
eine Parallele. Das bedeutet eine relative Häufigkeit

$$h_{5000} = \frac{2532}{5000} = 0{,}5064 \,.$$

Setzt man diesen Wert dem oben angegebenen Wahrscheinlichkeitswert
gleich, so erhält man eine Bestimmungsgleichung für π. Der sich ergebende Wert $\pi = \dfrac{2 \cdot c}{0{,}5064 \cdot a}$ liefert bei den *Wolf*schen Bedingungen
$\pi = 3{,}16$, also eine recht gute Annäherung an den wirklichen Wert von π.
Dies kann man gleichzeitig als eine Bestätigung der klassischen Formel
betrachten.

Lehrsatz 20:

**Alle Häufungspunkte der unendlichen Folge der relativen Häufigkeiten
$h_n(\mathfrak{E}, \mathfrak{M})$ liegen bei jeder $\mathfrak{E}$-Folge zwischen dem**

Limes inferior	$\underline{\lim}\, h_n(\mathfrak{E}, \mathfrak{M})$
und dem Limes superior	$\overline{\lim}\, h_n(\mathfrak{E}, \mathfrak{M})$ **überall dicht.**

Beweis:

Die unendliche Folge der $h_n(\mathfrak{E}, \mathfrak{M})$ ist beschränkt, denn

$$0 \leqq H_n(\mathfrak{E}, \mathfrak{M}) \leqq n$$

und wegen $h_n(\mathfrak{E}, \mathfrak{M}) = \dfrac{1}{n} \cdot H_n(\mathfrak{E}, \mathfrak{M})$

$$0 \leqq h_n(\mathfrak{E}, \mathfrak{M}) \leqq 1 \,.$$

Nach der Erläuterung zur Definition 10 muß sie daher in jedem Falle einen
unteren Grenzwert $g_1 = \underline{\lim}\, h_n(\mathfrak{E}, \mathfrak{M})$ und einen oberen Grenzwert
$g_2 = \overline{\lim}\, h_n(\mathfrak{E}, \mathfrak{M})$ besitzen. Und zwar gilt stets:

$$0 \leqq g_1 \leqq g_2 \leqq 1$$

Zwei aufeinanderfolgende Häufigkeiten sind entweder gleich oder unterscheiden sich um den Wert 1. Für jedes n gilt daher

$$0 \leqq H_{n+1} - H_n \leqq 1 \,. \tag{I}$$

Nun ist aber

$$h_{n+1}-h_n=\frac{H_{n+1}}{n+1}-\frac{H_n}{n}=\frac{n\cdot H_{n+1}-(n+1)\cdot H_n}{n\cdot(n+1)}$$

$$=\frac{n\cdot H_{n+1}-n\cdot H_n-H_n}{n\cdot(n+1)}=\frac{H_{n+1}-H_n}{n+1}-\frac{H_n}{n\cdot(n+1)}.$$

Wegen (I) ist daher

einerseits $\quad h_{n+1}-h_n\leqq\dfrac{1}{n+1}-0,\quad$ weil $\quad\dfrac{H_n}{n\cdot(n+1)}\geqq0,$

andererseits $\quad h_{n+1}-h_n\geqq0-\dfrac{1}{n+1},\quad$ weil $\quad\dfrac{H_n}{n}\leqq1.$

Das heißt

$$|h_{n+1}-h_n|\leqq\frac{1}{n+1}.$$

Sobald ich also für ein beliebig klein vorgegebenes $\varepsilon>0$ die Zahl n so groß wähle, daß

$$n+1\geqq\frac{1}{\varepsilon}$$

wird, muß

$$|h_{n+1}-h|\leqq\varepsilon$$

für alle oberhalb dieser Grenze liegenden n werden. Das bedeutet aber nichts anderes als den Inhalt unseres Satzes, der zu beweisen war.

Wir erkennen damit, daß jede zwischen g_1 und g_2 liegende Zahl Häufungspunkt der $h_n(\mathfrak{E},\mathfrak{M})$ ist. Jede beliebige $\mathfrak{E}$-Folge besitzt eine Häufungsstrecke

$$g_1\leqq x\leqq g_2.$$

Die Aussage, eine $\mathfrak{E}$-Folge sei eine $\mathfrak{W}$-Folge, ist daher gleichbedeutend mit der Feststellung: Die Häufungsstrecke der relativen Häufigkeiten dieser Folge zieht sich auf einen Punkt zusammen ($g_1=g_2$).

Übungsaufgaben:

1. Mit welcher Wahrscheinlichkeit tritt in der im Beispiel 1 angegebenen $\mathfrak{E}$-Folge die Null auf?
2. Betrachte die Buchstaben, Ziffern und sonstigen Zeichen dieser Zeile als Ereignisfolge. Gib die Folgen der absoluten und relativen Häufigkeiten bezüglich des Merkmals "Vokal" an.

3. Wirf 300 mal einen Würfel, notiere die Ergebnisse und bestimme die relativer Häufigkeiten der einzelnen Augenwerte für $n = 20, 40, 60, 80, 100, 120, 160, 200, 240, 300$
   und trage die Ergebnisse als Funktion von n in Millimeterpapier ein.
4. Stelle ein Parallelenbrett her, bei dem der Parallelenabstand etwas größer als eine
   Streichholzlänge ist, und wirf ein Streichholz oft auf das Brett, ohne zu zielen. Notiere
   die Fälle, in denen das Streichholz eine Parallele trifft, und berechne für einige große
   Werte von n die relative Häufigkeit. Berechne den Wert der Zahl π.

§ 5. Periodische Ereignisfolgen

Nach dem Vorangehenden drängt sich die Frage auf: Unter welchen Bedingungen existiert denn nun der Grenzwert der relativen Häufigkeiten? Wann also ist eine $\mathfrak{E}$-Folge eine Wahrscheinlichkeitsfolge? Wir wissen, daß die Existenz der Wahrscheinlichkeit bei einem *v.Mises*schen Kollektiv wegen der Regellosigkeitsforderung grundsätzlich nicht nachgewiesen werden kann. Auf diese Forderung hatten wir ja aber verzichtet. Wie steht es nun allgemein mit beliebigen Ereignisfolgen? Gibt es überhaupt Wahrscheinlichkeitsfolgen?

Wir gehen von einem Beispiel aus:

$$\mathfrak{E}: 1, \ 2, \ 3, \ 4, \ 1, \ 2, \ 3, \ 4, \ 1, \ 2, \ 3, \ 4, \ 1, \ 2, \ 3, \ 4, \ldots$$

$$H_n(\mathfrak{E}, 3): 0, \ 0, \ 1, \ 1; \ 1, \ 1, \ 2, \ 2, \ 2, \ 2, \ 3, \ 3, \ 3, \ 3, \ 4, \ 4, \ldots$$

$$h_n(\mathfrak{E}, 3): 0, \ 0, \ \frac{1}{3}, \ \frac{1}{4}, \ \frac{1}{5}, \ \frac{1}{6}, \ \frac{2}{7}, \ \frac{2}{8}, \ \frac{2}{9}, \ \frac{2}{10}, \ \frac{3}{11}, \ \frac{3}{12}, \ \frac{3}{13}, \ \frac{3}{14}, \ \frac{4}{15}, \ \frac{4}{16}, \ldots$$

Wir erkennen zunächst, daß der Wert $\frac{1}{4}$ in der Folge h_n beliebig oft vorkommt. Nach Definition 8 ist dieser daher Häufungspunkt der Folge. Wegen der Periodizität der $\mathfrak{E}$-Folge springen die $h_n(\mathfrak{E}, 3)$ immer dann um einen gewissen Betrag nach oben, wenn das Merkmal 3 auftritt und nehmen dann bis zum nächsten Sprung (4 Glieder weiter) monoton ab. Nach Lehrsatz 20 müssen nun bei jeder beliebigen, also auch bei unserer Ereignisfolge limes superior und limes inferior der Folge der relativen Häufigkeiten existieren. Greife ich für jede $\mathfrak{E}$-Periode den größten Wert von h_n heraus, so muß der Grenzwert dieser Teilfolge — sofern er existiert — der limes superior von h_n sein. Ebenso erhalte ich aus den jeweils vorher stehenden kleinsten Gliedern den limes inferior von h_n. In unserem Falle sind die größten Glieder

$$\frac{1}{3}, \ \frac{2}{7}, \ \frac{3}{11}, \ \frac{4}{15}, \ \frac{5}{19}, \ \frac{6}{23}, \ \ldots \text{ mit dem allgemeinen Glied } \frac{n}{4n-1}$$

und die kleinsten

$$\frac{1}{6}, \ \frac{2}{10}, \ \frac{3}{14}, \ \frac{4}{18}, \ \frac{5}{22}, \ \frac{6}{26}, \ \ldots \text{ mit dem allgemeinen Glied } \frac{n}{4n+2}.$$

Es ist daher

$$\overline{\lim_{n\to\infty}}\, h_n(\mathfrak{E}, 3) = \lim_{n\to\infty} \frac{n}{4n-1} = \frac{1}{4}$$

und

$$\underline{\lim_{n\to\infty}}\, h_n(\mathfrak{E}, 3) = \lim_{n\to\infty} \cdot \frac{n}{4n+2} = \frac{1}{4}.$$

Daher konvergiert $h_n(\mathfrak{E}, 3)$, und es ist $\lim\limits_{n\to\infty} h_n(\mathfrak{E}, 3) = \frac{1}{4}$.

Gehen wir allgemeiner von der Folge

$$\mathfrak{E}: 1, 2, 3, 4, \ldots, p, 1, 2, 3, 4, \ldots, p, 1, 2, 3, \ldots$$

aus und betrachten wir hierin das Vorkommen der natürlichen Zahl a $(1 \leq a \leq p)$, so erhalten wir die Häufigkeitsfolgen

$$H_n(\mathfrak{E}, a): 0, 0, 0, \ldots (a-1) \ldots, 0, 1, 1, 1, \ldots$$
$$(p) \ldots, 1, 2, 2, 2, \ldots (p) \ldots, 2, 3, 3, 3, \ldots$$

$$h_n(\mathfrak{E}, a): 0, 0, 0, \ldots (a-1) \ldots, 0, \frac{1}{a}, \frac{1}{a+1}, \frac{1}{a+2}, \ldots, \frac{1}{a+p-1}, \frac{2}{a+p},$$

$$\frac{2}{a+p+1}, \frac{2}{a+p+2}, \ldots, \frac{2}{a+2p-1}, \frac{3}{a+2p}, \frac{3}{a+2p+1}, \frac{3}{a+2p+2}, \ldots$$

Die jeweils größten Werte sind

$$\frac{1}{a}, \frac{2}{a+p}, \frac{3}{a+2p}, \frac{4}{a+3p}, \frac{5}{a+4p}, \ldots,$$

sie sind alle von der Form

$$\frac{n}{a+(n-1)\cdot p}; \quad \lim_{n\to\infty} \frac{n}{a+(n-1)\cdot p} = \frac{1}{p}.$$

Die kleinsten Werte

$$\frac{1}{a+p-1}, \frac{2}{a+2p-1}, \frac{3}{a+3p-1}, \frac{4}{a+4p-1}, \frac{5}{a+5p-1}, \ldots$$

haben die allgemeine Form

$$\frac{n}{a+n\cdot p-1}; \quad \lim_{n\to\infty} \frac{n}{a+n\cdot p-1} = \frac{1}{p}.$$

Da beide Teilfolgen gegen $\dfrac{1}{p}$ konvergieren, erhalten wir

$$\lim_{n\to\infty} h_n(\mathfrak{E},\, a) = \frac{1}{p}\cdot$$

Damit ist gezeigt, daß jede periodische Ereignisfolge in bezug auf jedes ihrer Merkmale eine Wahrscheinlichkeitsfolge ist. Selbstverständlich ist den periodischen Folgen auch jede Ereignisfolge gleichgestellt, die zwar selbst nicht periodisch ist, bei der sich die Merkmale jedoch periodisch wiederholen. Betrachten wir zum Beispiel die Folge der natürlichen Zahlen in ihrer natürlichen Reihenfolge

$$\mathfrak{N}: \quad 1,\ 2,\ 3,\ 4,\ 5,\ 6,\ 7,\ 8,\ 9,\ 10,\ 11,\ 12,\ \dots,$$

so dürfen wir sagen, daß eine durch 6 teilbare Zahl mit der Wahrscheinlichkeit $w = \dfrac{1}{6}$ auftritt, diese Folge also in bezug auf das Merkmal „teilbar durch 6“ eine Wahrscheinlichkeitsfolge ist. Es gilt daher der folgende Satz.

Lehrsatz 21:

Eine Ereignisfolge, in der ein bestimmtes Merkmal periodisch wiederkehrt, ist in bezug auf dieses Merkmal eine Wahrscheinlichkeitsfolge. Eine periodische Ereignisfolge ist in bezug auf jedes ihrer Merkmale eine Wahrscheinlichkeitsfolge.

Die Wahrscheinlichkeit hat den Wert

$$w = \frac{1}{p},$$

wenn das betrachtete Merkmal bei jedem p-ten Glied der Ereignisfolge auftritt.

Mit dem Lehrsatz 21 haben wir nun auch bewiesen, daß es Wahrscheinlichkeitsfolgen im Sinne der Definition 16 gibt. Ein *v. Mises*sches Kollektiv bzw. eine in der Natur vorkommende Ereignisfolge ohne erkennbare Gesetzmäßigkeit ist nun zwar alles andere als eine periodische Ereignisfolge. Trotzdem sind wir geneigt, ähnliche Eigenschaften bei einer „regellosen“ Folge anzunehmen. Wir wissen zwar genau, daß zum Beispiel die „6“ beim Würfeln bestimmt nicht periodisch auftritt, glauben aber gern, daß sie immer wieder einmal kommt und zwar im Durchschnitt ebenso oft wie die anderen Augenzahlen. Irgendwie ist also eine Analogie zwischen zufälligen und periodischen Folgen vorhanden. Jedenfalls sind wir nach dem

Beweis des Satzes 21 ermutigt, an die Existenz auch anderer, in der Natur vorkommender Wahrscheinlichkeitsfolgen zu glauben; die Konvergenz der Folge der relativen Häufigkeiten ist uns auch in solchen Fällen glaubhaft geworden.

Übungsaufgaben:

1. Bestimme die Wahrscheinlichkeit, mit der eine Zahl, die bei Teilbarkeit durch 9 stets den Rest 2 läßt, in der Folge der
   a) natürlichen Zahlen
   b) geraden Zahlen
   c) ungeraden Zahlen
   d) durch 3 teilbaren Zahlen vorkommt.

2. Mit welcher Wahrscheinlichkeit tritt eine durch 5 teilbare Zahl in der Folge der natürlichen Zahlen
   a) 1, 2, 3, 4, 5, 6, 7, 8, 9, 10, 11, 12, ...
   b) 1, 2, 4, 5, 3, 7, 8, 10, 11, 6, 13, 14, ...
   c) 1, 3, 2, 5, 7, 4, 9, 11, 6, 13, 15, 8, ...
   d) 1, 2, 3, 5, 4, 6, 7, 10, 8, 9, 11, 15, ...
   auf?

3. Zeige, daß die folgenden 6 Ereignisfolgen Wahrscheinlichkeitsfolgen in bezug auf die beiden Merkmale 1 und 0 sind, und bestimme die Wahrscheinlichkeiten für das Auftreten der beiden Alternativmerkmale.
   $\mathfrak{E}_1$: 1,0,1,0,1,0,1,0,1,0,1,0,1,0,1,0,1,0,1,0,1,0,1,0,1,0,1,0,1,0,1,0,1,0,1,0,1,0,1,0,1, ...
   $\mathfrak{E}_2$: 0,1,0,0,1,0,1,0,0,1,0,1,0,0,1,0,1,0,0,1,0,1,0,0,1,0,1,0,0,1,0,1,0,0,1,0,1,0,0,1,0,1,0, ...
   $\mathfrak{E}_3$: 0,1,0,0,1,0,0,1,0,0,1,0,0,1,0,0,1,0,0,1,0,0,1,0,0,1,0,0,1,0,0,1,0,0,1,0,0,1,0,0,1,0,0, ...
   $\mathfrak{E}_4$: 1,0,0,0,1,0,1,1,0,0,0,1,0,1,1,0,0,0,1,0,1,1,0,0,0,1,0,1,1,0,0,0,1,0,1,1,0,0,0,1,0,1,1, ...
   $\mathfrak{E}_5$: 0,1,0,1,0,0,0,0,0,1,0,1,0,0,0,0,0,1,0,1,0,0,0,0,0,1,0,1,0,0,0,0,0,1,0,1,0,0,0,0,0,1,0, ...
   $\mathfrak{E}_6$: 1,1,1,1,0,1,1,1,1,1,0,1,1,1,1,1,0,1,1,1,1,1,0,1,1,1,1,1,0,1,1,1,1,1,0,1,1,1,1,1,0,1,1, ...

4. Bilde eine Ereignisfolge, in der sämtliche natürlichen Zahlen und nur diese vorkommen und in der eine durch 4 teilbare Zahl mit der Wahrscheinlichkeit

   a) $w = \dfrac{1}{2}$

   b) $w = \dfrac{1}{3}$

   c) $w = \dfrac{5}{7}$ auftritt.

§ 6. Grundgesetze der Wahrscheinlichkeitsrechnung in moderner Darstellung

Wir bedienen uns der bereits von *v. Mises* eingeführten Begriffe Mischung, Verbindung und Teilung.

Definition 17:

> Durch Zusammenfassung der Merkmale $\mathfrak{M}_1$, $\mathfrak{M}_2$, $\mathfrak{M}_3$, ..., $\mathfrak{M}_k$ entsteht ein Merkmal $\mathfrak{M} = \mathfrak{M}_1 + \mathfrak{M}_2 + \mathfrak{M}_3 + \ldots + \mathfrak{M}_k$, das als **Merkmalmischung** bezeichnet wird. Das Auftreten der Merkmalmischung $\mathfrak{M}$ ist mit dem Auftreten eines der Merkmale $\mathfrak{M}_1$, $\mathfrak{M}_2$, $\mathfrak{M}_3$, ..., $\mathfrak{M}_k$ („entweder — oder") gleichbedeutend.

Beispiel:

Bezeichnet man bei einer Würfelserie das Erscheinen der Augenzahl a als Merkmal $\mathfrak{M}_a$ ($a = 1, 2, ..., 6$), so bedeutet die Merkmalmischung $\mathfrak{M} = \mathfrak{M}_2 + \mathfrak{M}_4 + \mathfrak{M}_6$ das Erscheinen einer geraden Zahl.

Lehrsatz 22:

> **Additionsgesetz.**
> Ist eine $\mathfrak{E}$-Folge in bezug auf jedes der endlich vielen einander ausschließenden Merkmale $\mathfrak{M}_1$, $\mathfrak{M}_2$, ..., $\mathfrak{M}_k$ eine $\mathfrak{W}$-Folge mit den Wahrscheinlichkeiten w_1, w_2, w_3, ..., w_k, so ist die gegebene $\mathfrak{E}$-Folge auch in bezug auf die Merkmalmischung $\mathfrak{M} = \mathfrak{M}_1 + \mathfrak{M}_2 + \ldots + \mathfrak{M}_k$ eine $\mathfrak{W}$-Folge, und die zugehörige Wahrscheinlichkeit ist
>
> $$w(\mathfrak{E}, \mathfrak{M}) = w_1 + w_2 + w_3 + \ldots + w_k.$$

Beweis:

Nach Voraussetzung ist

$$w_i = w(\mathfrak{E}, \mathfrak{M}_i) = \lim_{n \to \infty} h_n(\mathfrak{E}, \mathfrak{M}_i) = \lim \frac{H_n(\mathfrak{E}, \mathfrak{M}_i)}{n}$$

für $i = 1, 2, 3, ..., k$. Die absoluten Häufigkeiten für die Merkmalmischung $\mathfrak{M}$ setzen sich additiv aus den absoluten Häufigkeiten für die Einzelmerkmale zusammen. Deshalb ist

$$H_n(\mathfrak{E}, \mathfrak{M}) = \sum_{i=1}^{k} H_n(\mathfrak{E}, \mathfrak{M}_i)$$

und damit

$$h_n(\mathfrak{E}, \mathfrak{M}) = \frac{1}{n} \cdot \sum_{i=1}^{k} H_n(\mathfrak{E}, \mathfrak{M}_i) = \sum_{i=1}^{k} h_n(\mathfrak{E}, \mathfrak{M}_i).$$

Nach dem Satz von der Summe der Grenzwerte (Lehrsatz 15) gilt daher

$$w(\mathfrak{E}, \mathfrak{M}) = \sum_{i=1}^{k} \lim_{n \to \infty} h_n(\mathfrak{E}, \mathfrak{M}_i) = \sum_{i=1}^{k} w_i,$$ was zu beweisen war.

Das folgende Beispiel soll zeigen, daß der Additionssatz auf endlich viele Merkmale beschränkt werden muß.

Die $\mathfrak{E}$-Folge sei die Folge der natürlichen Zahlen 1, 2, 3, 4, 5, ... Das Merkmal $\mathfrak{M}_r$ bedeute die Eigenschaft eines Elementes, die Zahl r zu sein. Die unendlich vielen Merkmale $\mathfrak{M}_1$, $\mathfrak{M}_2$, $\mathfrak{M}_3$, ... schließen sich gegenseitig aus, und jedes tritt mit der Wahrscheinlichkeit 0 auf, da jede Zahl r nur einmal unter unendlich vielen vorkommt. Die Summe aller dieser Wahrscheinlichkeiten hat daher ebenfalls den Wert 0. Andererseits bedeutet jetzt das Merkmal $\mathfrak{M} = \sum_{r=1}^{\infty} \mathfrak{M}_r$, das durch Mischung aus den ursprünglichen Merkmalen hervorgegangen ist, die Eigenschaft eines Gliedes der Folge, eine beliebige natürliche Zahl zu sein. Diese Eigenschaft besitzt aber jedes Element, so daß dem Merkmal $\mathfrak{M}$ die Wahrscheinlichkeit 1 zukommt.

Beispiel:

Bei einem offensichtlich nicht ganz „regulären" Würfel ist festgestellt, daß sich die relativen Häufigkeiten mehr und mehr den folgenden Werten nähern:

Augenzahl	1	2	3	4	5	6
Wahrscheinlichkeit	0,16	0,14	0,16	0,17	0,18	0,19

Wie groß ist die Wahrscheinlichkeit,
a) eine ungerade Zahl zu werfen?
b) 2 oder 3 zu werfen?
c) keine 6 zu werfen?

Antworten: a) $w = 0,50$,   b) $w = 0,30$ c) $w = 0,81$

Definition 18:

Als **Verbindung** zweier $\mathfrak{E}$-Folgen

$$\mathfrak{E}': \mathfrak{E}'_1, \mathfrak{E}'_2, \mathfrak{E}'_3, \ldots \quad \text{und} \quad \mathfrak{E}'': \mathfrak{E}''_1, \mathfrak{E}''_2, \mathfrak{E}''_3, \ldots$$

wird diejenige $\mathfrak{E}$-Folge

$$\mathfrak{E}'\mathfrak{E}'': \mathfrak{E}'_1\mathfrak{E}''_1, \mathfrak{E}'_2\mathfrak{E}''_2, \mathfrak{E}'_3\mathfrak{E}''_3, \ldots$$

bezeichnet, deren erstes Element aus dem ersten Element von $\mathfrak{E}'$ und dem ersten Element von $\mathfrak{E}''$ besteht, deren zweites Glied die Zusammenfassung des zweiten Gliedes von $\mathfrak{E}'$ mit dem zweiten Gliede von $\mathfrak{E}''$ ist, und so fort.

Definition 19[1]):

Gehören zu zwei $\mathfrak{E}$-Folgen

$$\mathfrak{E}': \mathfrak{E}'_1, \mathfrak{E}'_2, \mathfrak{E}'_3, \ldots \quad \text{und} \quad \mathfrak{E}'': \mathfrak{E}''_1, \mathfrak{E}''_2, \mathfrak{E}''_3, \ldots$$

beziehentlich die Merkmale $\mathfrak{M}'$ und $\mathfrak{M}''$, so sagt man, auf ein Glied $\mathfrak{E}'_i \mathfrak{E}''_i$ der Folgenverbindung $\mathfrak{E}' \mathfrak{E}''$ treffe die **Merkmalverbindung** $\mathfrak{M}' \mathfrak{M}''$ zu, wenn auf $\mathfrak{E}'_i$ das Merkmal $\mathfrak{M}'$ und auf $\mathfrak{E}''_i$ das Merkmal $\mathfrak{M}''$ zutrifft.

Beispiel:

| $\mathfrak{E}'$ | : | 1, | 3, | 5, | 2, | 7, | 8, | 6, | 5, | 4, | 2, | 0, | 2, | 3, | 4, | 4, | … |
| $\mathfrak{E}''$ | : | a, | b, | c, | a, | b, | c, | a, | b, | c, | a, | b, | c, | a, | b, | c, | … |

$\mathfrak{E}' \mathfrak{E}''$: 1a, 3b, 5c, 2a, 7b, 8c, 6a, 5b, 4c, 2a, 0b, 2c, 3a, 4b, 4c, …

$\mathfrak{M}'$: 2 $\qquad\qquad$ $\mathfrak{M}''$: a

$\mathfrak{M}' \mathfrak{M}''$ trifft auf das 4. und das 10. Glied von $\mathfrak{E}' \mathfrak{E}''$ in dem angegebenen Abschnitt zu.

Definition 20:

Die Folgen

$$\mathfrak{E}: \mathfrak{E}_1, \mathfrak{E}_2, \mathfrak{E}_3, \ldots \quad \text{und} \quad \mathfrak{F}: \mathfrak{F}_1, \mathfrak{F}_2, \mathfrak{F}_3, \ldots$$

seien in bezug auf die Merkmale $\mathfrak{M}$ bzw. $\mathfrak{N}$ $\mathfrak{W}$-Folgen mit den Wahrscheinlichkeiten w' und w''. Wählt man mit Rücksicht auf das Vorkommen von $\mathfrak{M}$ in $\mathfrak{E}$ aus $\mathfrak{F}$ eine Teilfolge $\mathfrak{F}'$ aus, d. h. streicht man aus $\mathfrak{F}$ jedesmal dann ein Glied $\mathfrak{F}_n$, wenn auf das entsprechende $\mathfrak{E}_n$ das Merkmal $\mathfrak{M}$ nicht zutrifft, und ist die übrigbleibende Folge $\mathfrak{F}'$ in bezug auf $\mathfrak{N}$ wieder eine $\mathfrak{W}$-Folge mit der gleichen Wahrscheinlichkeit w'', so ist die Wahrscheinlichkeit w'' von dem Auftreten des Merkmals $\mathfrak{M}$ in $\mathfrak{E}$ unabhängig.

Die *v. Mises*sche Regellosigkeitsforderung bedeutet offenbar, daß jede Wahrscheinlichkeit in irgend einem Kollektiv von dem Auftreten jedes Merkmals in irgend einem beliebigen anderen Kollektiv unabhängig ist. Für die Ableitung des Multiplikationsgesetzes braucht man aber nur die Unabhängigkeit der beteiligten Folgen.

---

[1]) Bei *Kamke* wird der Begriff der Merkmalverbindung nicht wie hier auf eine Folgenverbindung, sondern allgemeiner auf ein geordnetes System von Ereignissen bezogen.

Beispiel:

$\mathfrak{E}_1$: 1, 2, 3, 4, 5, 1, 2, 3, 4, 5, 1, 2, 3, 4, 5, 1, 2, 3, 4, ...
$\mathfrak{E}_2$: a, b, a, b, a, b, a, b, a, b, a, b, a, b, a, b, a, b, a, ...
$\mathfrak{E}_3$: 1, 2, 3, 4, 5, 6, 7, 8, 9, 10, 11, 12, 13, 14, 15, 16, 17, 18, 19, ...

1. $w(\mathfrak{E}_2, a)$ ist von dem Auftreten jedes Merkmals in $\mathfrak{E}_1$ unabhängig.
2. Die Wahrscheinlichkeit für das Auftreten einer durch 5 teilbaren Zahl in $\mathfrak{E}_3$ ist nicht von dem Auftreten einer bestimmten Zahl in $\mathfrak{E}_1$ unabhängig.
3. Das Auftreten einer durch 3 teilbaren Zahl in $\mathfrak{E}_3$ ist unabhängig von dem Auftreten jedes Merkmals in $\mathfrak{E}_1$ und in $\mathfrak{E}_2$.
4. $w(\mathfrak{E}_2, b)$ ist von dem Auftreten einer Zahl in $\mathfrak{E}_3$, die kongruent 2 modulo 7 ist, unabhängig, nicht aber von einer Zahl, die kongruent 3 oder 4 modulo 6 ist.

Lehrsatz 23:

> **Multiplikationsgesetz für zwei $\mathfrak{W}$-Folgen.**
> Ist $\mathfrak{E}'$: $\mathfrak{E}'_1$, $\mathfrak{E}'_2$, $\mathfrak{E}'_3$, ... eine $\mathfrak{W}$-Folge in bezug auf das Merkmal $\mathfrak{M}'$ mit der Wahrscheinlichkeit w' und $\mathfrak{E}''$: $\mathfrak{E}''_1$, $\mathfrak{E}''_2$, $\mathfrak{E}''_3$, ... eine $\mathfrak{W}$-Folge in bezug auf das Merkmal $\mathfrak{M}''$ mit der Wahrscheinlichkeit w'', ist ferner w'' von dem Auftreten des Merkmals $\mathfrak{M}'$ in $\mathfrak{E}'$ unabhängig, so ist die Folgenverbindung $\mathfrak{E}'\mathfrak{E}''$ in bezug auf die Merkmalverbindung $\mathfrak{M}'\mathfrak{M}''$ eine $\mathfrak{W}$-Folge mit der Wahrscheinlichkeit $w' \cdot w''$.

Beweis:

Ich betrachte die ersten n Glieder der Folgenverbindung $\mathfrak{E}'\mathfrak{E}''$:

$$\mathfrak{E}'_1\mathfrak{E}''_1, \ \mathfrak{E}'_2\mathfrak{E}''_2, \ \mathfrak{E}'_3\mathfrak{E}''_3, \ \mathfrak{E}'_4\mathfrak{E}''_4, \ ..., \ \mathfrak{E}'_n\mathfrak{E}''_n$$

und streiche unter diesen diejenigen $\mathfrak{E}'_i\,\mathfrak{E}''_i$, auf deren $\mathfrak{E}'_i$ das Merkmal $\mathfrak{M}'$ nicht zutrifft. Die stehengebliebenen m Glieder sind dann alle mit dem Merkmal $\mathfrak{M}'$ behaftet, auf H_m von ihnen möge außerdem das Merkmal $\mathfrak{M}''$ zutreffen. Dann ist die relative Häufigkeit für das Auftreten der Merkmalverbindung $\mathfrak{M}'\mathfrak{M}''$ in der Folgenverbindung

$$h_n(\mathfrak{E}'\,\mathfrak{E}'', \mathfrak{M}'\mathfrak{M}'') = \frac{H_m}{n} \ .$$

Nun ist aber

$$\frac{H_m}{n} = \frac{H_m}{m} \cdot \frac{m}{n} \ .$$

Der Grenzwert des ersten Faktors $\dfrac{H_m}{m}$ ist wegen der vorausgesetzten

Unabhängigkeit gleich w'', der Grenzwert des zweiten Faktors $\dfrac{m}{n}$ gleich w'.

denn die stehengebliebenen Glieder waren ja diejenigen unter den ersten n, auf die das Merkmal $\mathfrak{M}'$ zutraf. Es gilt daher

$$w(\mathfrak{E}'\mathfrak{E}'', \mathfrak{M}'\mathfrak{M}'') = \lim_{n \to \infty} h_n(\mathfrak{E}'\mathfrak{E}'', \mathfrak{M}'\mathfrak{M}'')$$

$$= w' \cdot w'', \text{ was zu beweisen war.}$$

Beispiele:

1. In dem im Anschluß an die Definition 20 angegebenen Beispiel ist

$$w(\mathfrak{E}_1\mathfrak{E}_2, 3b) = 0,1.$$

2. In der Folge der natürlichen Zahlen

$$\mathfrak{E}: 1, 2, 3, 4, 5, 6, 7, 8, 9, 10, 11, \ldots$$

ist die Teilbarkeit durch 4 unabhängig von der Teilbarkeit durch 3 in der gleichen Folge. Deshalb ist

$$w(\mathfrak{E}, 12) = \frac{1}{4} \cdot \frac{1}{3} = \frac{1}{12}.$$

Die Definitionen 18, 19 und 20 lassen sich unschwer auf mehr als zwei Folgen und Merkmale verallgemeinern, das Multiplikationsgesetz für mehrere unabhängige Folgen folgendermaßen formulieren.

Lehrsatz 24:

Multiplikationsgesetz für mehr als zwei $\mathfrak{E}$-Folgen.
Ist jede der $\mathfrak{E}$-Folgen

$$\mathfrak{E}^{(i)} : \mathfrak{E}_1^{(i)}, \mathfrak{E}_2^{(i)}, \mathfrak{E}_3^{(i)}, \ldots \qquad (i = 1, 2, 3, \ldots, k)$$

in bezug auf das Merkmal $\mathfrak{M}^{(i)}$ eine $\mathfrak{W}$-Folge mit der Wahrscheinlichkeit $w_i = w(\mathfrak{E}^{(i)}, \mathfrak{M}^{(i)})$ und ist für jedes i ($2 \leq i \leq k$) die Wahrscheinlichkeit w_i unabhängig von dem Auftreten der Merkmalverbindung $\mathfrak{M}'\mathfrak{M}'' \ldots \mathfrak{M}^{(i-1)}$ in der Folgenverbindung $\mathfrak{E}'\mathfrak{E}'' \ldots \mathfrak{E}^{(i-1)}$, so ist die Folgenverbindung $\mathfrak{E}'\mathfrak{E}'' \ldots \mathfrak{E}^{(k)}$ in bezug auf die Merkmalverbindung $\mathfrak{M}'\mathfrak{M}'' \ldots \mathfrak{M}^{(k)}$ eine $\mathfrak{W}$-Folge mit der Wahrscheinlichkeit

$$w(\mathfrak{E}'\mathfrak{E}'' \ldots \mathfrak{E}^{(k)}, \mathfrak{M}'\mathfrak{M}'' \ldots \mathfrak{M}^{(k)}) = \prod_{i=1}^{k} w_i.$$

Wie vorsichtig man sein muß, wenn man die Unabhängigkeit von mehr als zwei $\mathfrak{E}$-Folgen untersuchen will, mag folgendes Beispiel erläutern.

Wir betrachten drei nur aus Einsen und Nullen bestehende Alternativfolgen:

$$\mathfrak{E}_1: 1, 0, 1, 0, 1, 0, 1, 0, 1, 0, 1, 0, 1, 0, 1, 0, 1, 0, 1, 0, \ldots$$

$$\mathfrak{E}_2: 1, 1, 0, 0, 1, 1, 0, 0, 1, 1, 0, 0, 1, 1, 0, 0, 1, 1, 0, 0, \ldots$$

$$\mathfrak{E}_3: 1, 0, 0, 1, 1, 0, 0, 1, 1, 0, 0, 1, 1, 0, 0, 1, 1, 0, 0, 1, \ldots$$

Jede dieser Folgen ist eine $\mathfrak{W}$-Folge in bezug auf die 1; in allen drei Folgen tritt die 1 mit der Wahrscheinlichkeit $w = \dfrac{1}{2}$ auf. Wie man sich schnell überzeugt, sind die Folgen auch alle paarweise voneinander unabhängig: $\mathfrak{E}_2$ von $\mathfrak{E}_1$, $\mathfrak{E}_3$ von $\mathfrak{E}_1$ und $\mathfrak{E}_3$ von $\mathfrak{E}_2$. Denn sondere ich in irgendeiner eine Teilfolge in bezug auf das Auftreten der 1 in einer anderen aus, so entsteht jedesmal wieder eine $\mathfrak{W}$-Folge mit der Wahrscheinlichkeit $w = \dfrac{1}{2}$. Darum tritt die Merkmalverbindung 1, 1 in allen drei Folgenverbindungen $\mathfrak{E}_1 \mathfrak{E}_2$, $\mathfrak{E}_1 \mathfrak{E}_3$ und $\mathfrak{E}_2 \mathfrak{E}_3$ auch mit der Wahrscheinlichkeit $w = \dfrac{1}{4}$ auf. Das Auftreten der 1 in $\mathfrak{E}_3$ ist jedoch von dem Auftreten der Verbindung 1, 1 in $\mathfrak{E}_1 \mathfrak{E}_2$ nicht unabhängig. Denn wähle ich eine Teilfolge aus $\mathfrak{E}_3$ in bezug auf das Vorkommen von 1, 1 in der Verbindung $\mathfrak{E}_1 \mathfrak{E}_2$ aus, so entsteht die Folge 1, 1, 1, 1, 1, 1, 1, $\ldots$ mit $w' = 1$. Aus diesem Grunde gilt dafür nicht das Multiplikationsgesetz. Die Merkmalverbindung 1, 1, 1 tritt in der Folgenverbindung $\mathfrak{E}_1 \mathfrak{E}_2 \mathfrak{E}_3$ nicht mit der Wahrscheinlichkeit $\dfrac{1}{8}$, sondern mit der Wahrscheinlichkeit $\dfrac{1}{4}$ auf.

Um ein allgemein gültiges Multiplikationsgesetz, das auch für nicht voneinander unabhängige Folgen gilt, formulieren zu können, brauchen wir noch den Begriff der Relativverbindung von Folgen. Wir begnügen uns dabei mit der Betrachtung zweier Folgen.

Definition 21:

Ersetzt man diejenigen Glieder $\mathfrak{E}m_1, \mathfrak{E}m_2, \mathfrak{E}m_3, \ldots$ einer Ereignisfolge $\mathfrak{E}: \mathfrak{E}_1, \mathfrak{E}_2, \mathfrak{E}_3, \mathfrak{E}_4, \ldots$, auf die das Merkmal $\mathfrak{M}$ zutrifft, durch die Ereignispaare $\mathfrak{E}m_1 \mathfrak{F}_1, \mathfrak{E}m_2 \mathfrak{F}_2, \mathfrak{E}m_3 \mathfrak{F}_3, \ldots$, wobei $\mathfrak{F}_1, \mathfrak{F}_2, \mathfrak{F}_3, \mathfrak{F}_4, \ldots$ Glieder einer anderen Folge $\mathfrak{F}$, sind, so entsteht eine neue, teils aus Einzelgliedern, teils aus Ereignispaaren bestehende Ereignisfolge. Diese nennen wir **Relativverbindung** der beiden $\mathfrak{E}$-Folgen in bezug auf das Vorkommen des Merkmals $\mathfrak{M}$ in $\mathfrak{E}$ und bezeichnen sie mit $(\mathfrak{E}, \mathfrak{M}) \mathfrak{F}$.

Lehrsatz 25:

> **Ist die Folge**
>
> $$\mathfrak{E}: \quad \mathfrak{E}_1, \ \mathfrak{E}_2, \ \mathfrak{E}_3, \ \mathfrak{E}_4, \ \ldots$$
>
> **in bezug auf das Merkmal $\mathfrak{M}$ eine $\mathfrak{W}$-Folge mit der Wahrscheinlichkeit w_1 und die Folge**
>
> $$\mathfrak{F}: \quad \mathfrak{F}_1, \ \mathfrak{F}_2, \ \mathfrak{F}_3, \ \mathfrak{F}_4, \ \ldots$$
>
> **in bezug auf das Merkmal $\mathfrak{N}$ eine $\mathfrak{W}$-Folge mit der Wahrscheinlichkeit w_2, so ist die Relativverbindung $(\mathfrak{E}, \mathfrak{M})\,\mathfrak{F}$ in bezug auf die Merkmalverbindung $\mathfrak{MN}$ eine Wahrscheinlichkeitsfolge mit der Wahrscheinlichkeit**
>
> $$w\big((\mathfrak{E}, \mathfrak{M})\,\mathfrak{F}, \ \mathfrak{MN}\big) = w_1 \cdot w_2 \, !$$

Beweis:

Unter den ersten n Elementen der Folge $\mathfrak{E}$ befinden sich $H_n(\mathfrak{E}, \mathfrak{M})$ Elemente, auf die das Merkmal $\mathfrak{M}$ zutrifft. Das sind genau die Glieder, aus denen in der Relativverbindung $(\mathfrak{E}, \mathfrak{M})\,\mathfrak{F}$ Elementepaare geworden sind. Ihre Anzahl ist daher

$$H_n\big((\mathfrak{E}, \mathfrak{M})\,\mathfrak{F}, \mathfrak{M}\big) = H_n(\mathfrak{E}, \mathfrak{M}) = H_n \, .$$

Die zweiten Elemente dieser Elementepaare sind deshalb die ersten H_n Glieder der Folge $\mathfrak{F}$. Bezeichnen wir H_n mit m, so befinden sich unter diesen m Elementen von $\mathfrak{F}$ $H_m(\mathfrak{F}, \mathfrak{N})$ Glieder, auf die das Merkmal $\mathfrak{N}$ zutrifft. Auf genau so viele treffen also gleichzeitig beide Merkmale $\mathfrak{M}$ und $\mathfrak{N}$ zu. Diese Anzahl $H_m(\mathfrak{F}, \mathfrak{N}) = H_m\big((\mathfrak{E}, \mathfrak{M})\,\mathfrak{F}, \mathfrak{MN}\big)$ muß also diejenige sein, die durch die Gesamtzahl n geteilt — wenn überhaupt — gegen die gesuchte bzw. behauptete Wahrscheinlichkeit $w\big((\mathfrak{E}, \mathfrak{M})\,\mathfrak{F}, \mathfrak{MN}\big)$ konvergiert. Nun gilt

$$\frac{H_m\big((\mathfrak{E}, \mathfrak{M})\,\mathfrak{F}, \mathfrak{MN}\big)}{n} = \frac{m}{n} \cdot \frac{H_m(\mathfrak{F}, \mathfrak{N})}{m}$$

$$= \frac{H_n(\mathfrak{E}, \mathfrak{M})}{n} \cdot \frac{H_m(\mathfrak{F}, \mathfrak{N})}{m} \, .$$

Die beiden Faktoren der letzten rechten Seite haben aber nach Voraussetzung die Grenzwerte w_1 und w_2, so daß man daraus auf Grund des Lehrsatzes 17 auch auf die Konvergenz der linken Seite schließen kann, womit unsere Behauptung

$$w\big((\mathfrak{E}, \mathfrak{M})\,\mathfrak{F}, \mathfrak{MN}\big) = w_1 \cdot w_2$$

bewiesen ist.

Beispiel:

$$\mathfrak{E}_1: 1, 2, 3, 1, 2, 3, 1, 2, 3, 1, 2, 3, \ldots \quad \mathfrak{M}_1 : 3 \quad w = \frac{1}{3}$$

$$\mathfrak{E}_2: 1, 2, 3, 4, 5, 6, 1, 2, 3, 4, 5, 6, \ldots \quad \mathfrak{M}_2 : 3 \quad w = \frac{1}{6}$$

Lehrsatz 23 ist nicht anwendbar, weil das Auftreten der 3 in $\mathfrak{E}_2$ von dem Auftreten der 3 in $\mathfrak{E}_1$ nicht unabhängig ist. Deshalb hat auch die Wahrscheinlichkeit

$$w(\mathfrak{E}_1 \mathfrak{E}_2, 33) \text{ nicht den Wert } \frac{1}{18}, \text{ sondern es ist}$$

$$w(\mathfrak{E}_1 \mathfrak{E}_2, 33) = \frac{1}{6}.$$

Aber nach Definition 21 können wir die Relativverbindung bilden:

$$(\mathfrak{E}_1 \mathfrak{M}_1)\mathfrak{E}_2: 1, 2, 31, 1, 2, 32, 1, 2, 33, 1, 2, 34, 1, 2, 35, 1, \ldots$$

Nach Lehrsatz 25 gilt hierin

$$w\big((\mathfrak{E}_1 \mathfrak{M}_1)\mathfrak{E}_2, 33\big) = \frac{1}{3} \cdot \frac{1}{6} = \frac{1}{18}.$$

Definition 22:

Läßt man in einer Ereignisfolge alle diejenigen Glieder weg, auf die ein bestimmtes Merkmal $\mathfrak{M}$ nicht zutrifft, so sagt man, die übrig bleibenden Glieder bilden eine Ereignisfolge, die aus der ursprünglichen durch **Teilung an dem Merkmal $\mathfrak{M}$** hervorgegangen ist.

Definition 23:

Bringt das Auftreten eines Merkmals $\mathfrak{M}_1$ in einer Ereignisfolge automatisch das Auftreten eines zweiten Merkmals $\mathfrak{M}_2$ mit sich, so sagt man, $\mathfrak{M}_2$ **umfasse das Merkmal $\mathfrak{M}_1$.**

Lehrsatz 26:

Divisionsgesetz (*Bayes*sche Regel).
Ist eine $\mathfrak{E}$-Folge in bezug auf die beiden Merkmale $\mathfrak{M}_1$ und $\mathfrak{M}_2$ eine Wahrscheinlichkeitsfolge mit den Wahrscheinlichkeiten

$$w(\mathfrak{E}_1\mathfrak{M}_1) = w_1 \quad \text{und} \quad w(\mathfrak{E}_1\mathfrak{M}_2) = w_2,$$

umfaßt $\mathfrak{M}_1$ das Merkmal $\mathfrak{M}_2$ und ist $w_1 \neq 0$, so ist die aus $\mathfrak{E}$ durch Teilung an dem Merkmal $\mathfrak{M}_1$ hervorgegangene $\mathfrak{E}$-Folge $\mathfrak{E}'$ in bezug auf das Merkmal $\mathfrak{M}_2$ eine Wahrscheinlichkeitsfolge mit der Wahrscheinlichkeit

$$w(\mathfrak{E}', \mathfrak{M}_2) = \frac{w_2}{w_1}.$$

Beweis:

Da $\mathfrak{M}_1$ das umfassendere Merkmal ist, muß $w_1 \geqq w_2$ sein.
Streiche ich in der ursprünglichen Folge alle Glieder weg, auf die das Merkmal $\mathfrak{M}_1$ nicht zutrifft, so sei $\mathfrak{F}$: $\mathfrak{F}_1, \mathfrak{F}_2, \mathfrak{F}_3, \ldots$ die auf diese Weise aus $\mathfrak{E}$ durch Teilung an dem Merkmal $\mathfrak{M}_1$ hervorgegangene Folge. Dabei sei der Abschnitt $\mathfrak{F}_1, \mathfrak{F}_2, \mathfrak{F}_3, \ldots, \mathfrak{F}_n$ aus dem Abschnitt $\mathfrak{E}_1, \mathfrak{E}_2, \ldots, \mathfrak{E}_{q(n)}$ hervorgegangen. Dann ist

$$H_{q(n)}(\mathfrak{E}, \mathfrak{M}_1) = n \quad \text{und} \quad H_{q(n)}(\mathfrak{E}, \mathfrak{M}_2) = H_n(\mathfrak{F}, \mathfrak{M}_2),$$

daher

$$\frac{H_n(\mathfrak{F}, \mathfrak{M}_2)}{n} = \frac{H_{q(n)}(\mathfrak{E}, \mathfrak{M}_2)}{H_{q(n)}(\mathfrak{E}, \mathfrak{M}_1)} = \frac{\dfrac{H_{q(n)}(\mathfrak{E}, \mathfrak{M}_2)}{q(n)}}{\dfrac{H_{q(n)}(\mathfrak{E}, \mathfrak{M}_1)}{q(n)}}.$$

Wegen $w_1 \neq 0$ folgt nach Lehrsatz 18

$$w_2(\mathfrak{F}, \mathfrak{M}_2) = \lim_{n \to \infty} \frac{H_n(\mathfrak{F}, \mathfrak{M}_2)}{n} = \frac{w(\mathfrak{E}, \mathfrak{M}_2)}{w(\mathfrak{E}, \mathfrak{M}_1)} = \frac{w_2}{w_1}.$$

Beispiel:

Ein Würfel sei—wie experimentell an Hand der Folge $\mathfrak{W}$ nachgewiesen—„regulär", das heißt, jede der sechs Augenzahlen trete mit gleicher Wahrscheinlichkeit auf. Die Seiten der 4, 5 und 6 seien rot angestrichen. Wie groß ist, falls eine rote Seite nach oben fällt, die Wahrscheinlichkeit, daß diese eine gerade Zahl zeigt?
Das umfassendere Merkmal „rot" $\mathfrak{M}_r$: (4, 5, 6)

$$w_1 = w(\mathfrak{W}, \mathfrak{M}_r) = \frac{1}{2}.$$

Das darin enthaltene Merkmal $\mathfrak{M}_2$: (4, 6)

$$w_2 = w(\mathfrak{W}, \mathfrak{M}_2) = \frac{1}{3}.$$

Dann ist die erfragte Wahrscheinlichkeit

$$w = \frac{w_2}{w_1} = \frac{2}{3}.$$

Definition 24:

Gehören zu einer $\mathfrak{W}$-Folge m Merkmale $\mathfrak{M}_1$, $\mathfrak{M}_2$, ..., $\mathfrak{M}_m$ mit den Wahrscheinlichkeiten

$$w_1, w_2, ..., w_m \text{ mit } w_1 + w_2 + ... + w_m = 1,$$

so sagen wir, die $\mathfrak{W}$-Folge besitze in bezug auf die genannten Merkmale die **Verteilung** $w_1, w_2, ..., w_m$. Ist insbesondere $w_1 = w_2 = ... = w_m$, also $w_i = \frac{1}{m}$ für jedes $i = 1, 2, ..., m$, so sprechen wir von einer **Gleichverteilung.**

Lehrsatz 27:

Besitzt eine $\mathfrak{W}$-Folge in bezug auf m Merkmale eine Gleichverteilung, so ist die Wahrscheinlichkeit w für das Auftreten eines durch Mischung von g der m Merkmale entstandenen Merkmals

$$w = \frac{g}{m}.$$

Dieser Satz, der nichts als ein Spezialfall des Additionsgesetzes (Lehrsatz 22) ist und daher nicht besonders bewiesen zu werden braucht, führt zu der klassischen Definition der mathematischen Wahrscheinlichkeit, zur Wahrscheinlichkeit „a priori" (Beiheft 7, Definition 1). Er zeigt uns, unter welchen Bedingungen die klassische Definition begründet ist. Die Gleichverteilung wird dort stillschweigend vorausgesetzt und mit dem Wort „gleichmöglich" umschrieben. Die gesamte klassische Theorie beschränkt sich in ihrer Anwendbarkeit demnach auf diesen Spezialfall. Schon allein daran erkennt man die große Überlegenheit der modernen Theorie.

Beispiel (Vergl. Beiheft 7, § 3, Beispiel 9):

Die Frage nach der Wahrscheinlichkeit dafür, daß sich ein beliebiger gewöhnlicher Bruch durch eine vorgegebene natürliche Zahl a kürzen läßt, hat bei Zugrundelegung der Wahrscheinlichkeit „a posteriori" so lange keinen Sinn, wie wir nicht eine ganz bestimmte Bruchfolge vorlegen, die sämtliche Brüche enthält. Würden wir nur die irreduziblen Brüche aufführen wollen, so müßte eine solche Folge ganz gewiß existieren, denn die Menge der rationalen Zahlen ist bekanntlich abzählbar. Eine bekannte derartige wohlgeordnete Menge sämtlicher rationalen Zahlen erhalten wir, wenn wir die Brüche in Gruppen nach der Summe ihres Zählers und ihres Nenners—mit 2 anfangend—und innerhalb der Gruppen der Größe nach ordnen:

$$\mathfrak{B}': \frac{1}{1}; \frac{1}{2}, \frac{2}{1}; \frac{1}{3}, \frac{3}{1}; \frac{1}{4}, \frac{2}{3}, \frac{3}{2}, \frac{4}{1}; \frac{1}{5}, \frac{5}{1}; \frac{1}{6}, \frac{2}{5}, \frac{3}{4}, \frac{4}{3}, \frac{5}{2}, \frac{6}{1};$$

$$\frac{1}{7}, \frac{3}{5}, \frac{5}{3}, \frac{7}{1}; \frac{1}{8}, \frac{2}{7}, \cdots$$

Diese Folge ist für unsere Problemstellung jedoch uninteressant, denn hier wäre die gesuchte Wahrscheinlichkeit gleich Null, weil sich kein einziger Bruch kürzen läßt. Wir benötigen eine Folge, die sämtliche, auch die reduziblen Brüche enthält, so daß jeder Bruch seinem Werte nach unendlich oft vorkommt. Es ist durchaus nicht selbstverständlich, daß diese Menge auch abzählbar ist. Daß dies aber der Fall ist, zeigt die folgende Aufstellung, die wir als Ereignisfolge ansehen und zur Grundlage unseres Problems machen wollen.

$$\mathfrak{B}: \frac{1}{1}; \frac{1}{2}, \frac{2}{2}, \frac{2}{1}; \frac{1}{3}, \frac{2}{3}, \frac{3}{3}, \frac{3}{2}, \frac{3}{1}; \frac{1}{4}, \frac{2}{4}, \frac{3}{4}, \frac{4}{4}, \frac{4}{3}, \frac{4}{2}, \frac{4}{1};$$

$$\frac{1}{5}, \frac{2}{5}, \frac{3}{5}, \frac{4}{5}, \frac{5}{5}, \frac{5}{4}, \cdots$$

Auch diese Folge ist in einzelne Abschnitte gegliedert. Der erste Abschnitt enthält alle Brüche, deren Zähler und Nenner den Wert 1 haben (das ist nur einer), der zweite Abschnitt enthält alle Brüche, deren Zähler und Nenner höchstens den Wert 2 haben; der dritte Abschnitt faßt alle noch nicht vorgekommenen Brüche zusammen, deren Zähler und Nenner nicht größer als 3 sind, und so fort. Innerhalb dieser immer nur endlich viele Brüche enthaltenden Abschnitte werden die Brüche ihrem Wert nach angeordnet. $\mathfrak{B}_n$ sei der n-te dieser Brüche und gehöre dem r-ten Abschnitt an. Dem Bruch $\mathfrak{B}_n$ gehen dann sämtliche $(r-1)^2$-Brüche voraus, deren Zähler und deren Nenner höchstens den Wert $r-1$ besitzen. $\mathfrak{B}_n$ selbst befindet sich aber noch unter den r^2-Brüchen, deren Zähler und deren Nenner nicht größer als n sind. Daraus folgt die Ungleichung:

$$(r-1)^2 < n \leqq r^2. \tag{1}$$

In den ersten r Abschnitten lassen sich alle die Brüche durch a kürzen, die die Form $\dfrac{a \cdot s}{a \cdot t}$ haben, wobei $a \cdot s \leqq r$ und $a \cdot t \leqq r$ ist.

s und t durchlaufen daher beide alle ganzzahligen Werte zwischen 1 und $\left[\dfrac{r}{a}\right]$. $\left[\dfrac{r}{a}\right]$ bedeutet wie üblich die größte ganze Zahl, die kleiner als $\dfrac{r}{a}$ oder dem Bruch $\dfrac{r}{a}$ gleich ist. In den ersten r Abschnitten kommen mithin genau $\left[\dfrac{r}{a}\right]\left[\dfrac{r}{a}\right] = \left[\dfrac{r}{a}\right]^2$ Brüche vor, die sich durch a kürzen lassen.

Für die Anzahl $H_n(\mathfrak{B}, a)$ derjenigen unter den n ersten Brüchen, die sich durch a kürzen lassen, gilt daher die Ungleichung

$$\left[\frac{r-1}{a}\right]^2 < H_n(\mathfrak{B}, a) \leqq \left[\frac{r}{a}\right]^2$$

oder

$$\left(\frac{r-1-a}{a}\right)^2 < H_n(\mathfrak{B}, a) \leqq \left(\frac{r}{a}\right)^2. \tag{2}$$

Unter Benutzung von (1) folgt aus (2):

$$\left(\frac{\sqrt{n}-1-a}{a}\right)^2 < H_n(\mathfrak{B}, a) \leqq \left(\frac{\sqrt{n}+1}{a}\right)^2$$

Nach Division durch n erhält man für die relative Häufigkeit

$$h_n(\mathfrak{B}, a) = \frac{H_n(\mathfrak{B}, a)}{n}$$

die Abschätzung

$$\frac{\left(1 - \dfrac{1+a^2}{\sqrt{n}}\right)}{a^2} < h_n(\mathfrak{B}, a) \leqq \frac{\left(1 + \dfrac{1}{\sqrt{n}}\right)^2}{a^2},$$

woraus schließlich

$$\lim_{n \to \infty} h_n(\mathfrak{B}, a) = \frac{1}{a^2}$$

folgt.

Weitere Beispiele finden sich im Beiheft 7, § 3. In allen dort angegebenen Fällen muß man annehmen, daß die als „gleichmöglich" bezeichneten Fälle im Sinne der modernen Wahrscheinlichkeitsrechnung gleichwahrscheinlich sind. Eine gedachte Ereignisfolge müßte in bezug auf alle genannten möglichen Fälle eine Wahrscheinlichkeitsfolge mit gleicher Wahrscheinlichkeit sein. Im Sinne der Definition 24 muß eine Gleichverteilung vorliegen.

Übungsaufgaben:

1. Aus zwei Urnen, die blaue, rote, weiße und schwarze Kugeln enthalten, wird gleichzeitig je eine Kugel wahllos entnommen und wieder zurückgelegt. Dadurch entstehen zwei Ereignisfolgen $\mathfrak{E}'$ und $\mathfrak{E}''$. Die Merkmale, eine Kugel bestimmter Farbe zu ziehen, seien beziehentlich mit

$$\mathfrak{M}_b' \quad \mathfrak{M}_r' \quad \mathfrak{M}_w' \quad \mathfrak{M}_s'$$

und

$$\mathfrak{M}_b'' \quad \mathfrak{M}_r'' \quad \mathfrak{M}_w'' \quad \mathfrak{M}_s''$$

bezeichnet.

A. Was bedeuten
  a) die Merkmalmischungen

    $\alpha)\ \mathfrak{M}_b' + \mathfrak{M}_w'$,

    $\beta)\ \mathfrak{M}_r' + \mathfrak{M}_w' + \mathfrak{M}_s'$,

    $\gamma)\ \mathfrak{M}_r'' + \mathfrak{M}_w''$;

  b) die Folgenverbindung $\mathfrak{E}'\mathfrak{E}''$;

  c) die Relativverbindung $(\mathfrak{E}'\mathfrak{M}_w')\mathfrak{E}''$;

  d) die Merkmalverbindungen

    $\alpha)\ \mathfrak{M}_b' \mathfrak{M}_b''$,

    $\beta)\ \mathfrak{M}_w' \mathfrak{M}_s''$,

    $\gamma)\ (\mathfrak{M}_r' + \mathfrak{M}_w') (\mathfrak{M}_r'' + \mathfrak{M}_w'')$;

  e) die Merkmalmischung $\mathfrak{M}_b'(\mathfrak{M}_r'' + \mathfrak{M}_w'' + \mathfrak{M}_s'') + \mathfrak{M}_r'(\mathfrak{M}_b'' + \mathfrak{M}_w'' + \mathfrak{M}_s'') + \mathfrak{M}_w'(\mathfrak{M}_b'' + \mathfrak{M}_r'' + \mathfrak{M}_s'') + \mathfrak{M}_s'(\mathfrak{M}_b'' + \mathfrak{M}_r'' + \mathfrak{M}_w'')$?

B. In der ersten Urne seien 3 blaue, 7 rote, 8 schwarze und 12 weiße Kugeln, in der zweiten Urne 5 blaue, 6 rote, 10 schwarze und 3 weiße Kugeln vorhanden. Wie groß ist die Wahrscheinlichkeit,
  a) aus der ersten Urne eine weiße Kugel zu ziehen;
  b) aus der zweiten Urne eine schwarze Kugel zu ziehen;
  c) aus der ersten eine rote oder eine schwarze Kugel zu ziehen;
  d) aus der zweiten Urne keine rote Kugel zu ziehen;
  e) in der ersten Urne eine rote und gleichzeitig in der zweiten eine blaue zu finden;
  f) in beiden gleichzeitig eine weiße zu finden;
  g) in der ersten eine rote oder blaue und in der zweiten gleichzeitig eine weiße Kugel zu finden;

h) in beiden Urnen dieselbe Farbe zu treffen;

i) für das Auftreten der in A a) genannten Merkmalmischungen;

k) für das Auftreten der Merkmalverbindungen A d) in der Folgenverbindung A b);

l) für das Auftreten der Merkmalverbindungen A d) α und β in der Folgenverbindung A c);

m) für das Auftreten der Merkmalverbindung A d) γ in der Relativverbindung $(\mathfrak{E}'(\mathfrak{M}'_r + \mathfrak{M}'_w))\mathfrak{E}''$;

n) für das Auftreten der Merkmalmischung A e) in der Folgenverbindung A b)?

o) Wie lauten die Antworten auf die Fragen B k), l), m) und n) für den Fall, daß der Griff in die zweite Urne nicht wahllos erfolgt, sondern aus dieser jedesmal eine Kugel der gleichen Farbe entnommen wird, wie sie in der ersten Urne gefunden wurde?

p) Wie lauten die Antworten auf die Fragen B k) und n) für den Fall, daß aus der zweiten Urne stets eine Kugel entnommen wird, die von anderer Farbe ist als die in der ersten Urne gefundene?

2. Gegeben sind die drei Ereignisfolgen

$\mathfrak{E}_1$: a, b, c, a, b, c, a, b, c, a, b, c, a, b, c, a, b, c, ...

$\mathfrak{E}_2$: u, x, y, z, x, y, z, u, y, z, u, x, z, u, x, y, u, x, ...

$\mathfrak{E}_3$: 1, 0, 1, 0, 0, 0, 1, 0, 1, 0, 0, 0, 1, 0, 1, 0, 0, 0, ...

Untersuche die Unabhängigkeit

a) des Merkmals a in $\mathfrak{E}_1$ von dem Merkmal u in $\mathfrak{E}_2$;

b) des Merkmals b in $\mathfrak{E}_1$ von dem Merkmal 1 in $\mathfrak{E}_3$;

c) des Merkmals 0 in $\mathfrak{E}_3$ von dem Merkmal x in $\mathfrak{E}_2$.

3. Untersuche die Unabhängigkeit des Merkmals 1 in der bei Aufgabe 2 gegebenen Folge $\mathfrak{E}_3$ von dem Auftreten der Merkmalverbindung cy in der Folgenverbindung $\mathfrak{E}_1 \mathfrak{E}_2$.

4. Untersuche die Unabhängigkeit des Auftretens der Alternativmerkmale 1 und 0 in den sechs Ereignisfolgen der Übungsaufgabe 3 von § 5.

5. Ermittle für die in der Aufgabe 2 gegebenen drei Ereignisfolgen die Wahrscheinlichkeit, mit der

a) das Merkmal b in $\mathfrak{E}_1$

b) das Merkmal z in $\mathfrak{E}_2$

c) das Merkmal 1 in $\mathfrak{E}_3$

d) die Verbindung bx in $\mathfrak{E}_1 \mathfrak{E}_2$

e) die Verbindung $y0$ in $\mathfrak{E}_2 \mathfrak{E}_3$ und in $(\mathfrak{E}_2 y)\mathfrak{E}_3$

f) die Verbindung $a1$ in $\mathfrak{E}_1 \mathfrak{E}_3$ und in $(\mathfrak{E}_1 a)\mathfrak{E}_3$

g) die Verbindung $b1$ in $\mathfrak{E}_1 \mathfrak{E}_3$ und in $(\mathfrak{E}_1 b)\mathfrak{E}_3$

h) die Verbindung $c0$ in $\mathfrak{E}_1 \mathfrak{E}_3$ und in $(\mathfrak{E}_1 c)\mathfrak{E}_3$

i) die Verbindung $cx1$ in $\mathfrak{E}_1 \mathfrak{E}_2 \mathfrak{E}_3$, in $(\mathfrak{E}_1 \mathfrak{E}_2 cx)\mathfrak{E}_3$, in $(\mathfrak{E}_1 \mathfrak{E}_3 c1)\mathfrak{E}_2$ und in $(\mathfrak{E}_2 \mathfrak{E}_3 x1)\mathfrak{E}_1$

k) au oder bx in $\mathfrak{E}_1 \mathfrak{E}_2$

l) a0 oder c1 in $\mathfrak{C}_1\,\mathfrak{C}_3$ und in $(\mathfrak{C}_1\,c)\,\mathfrak{C}_3$

m) au1 oder cz1 oder cy0 in $\mathfrak{C}_1\,\mathfrak{C}_2\,\mathfrak{C}_3$ auftreten.

6. Die *Newton*sche Formel (vergl. Beiheft 7, Lehrsatz 4)

$$W = \binom{n}{\lambda} \cdot w^\lambda \cdot (1 - w)^{n-\lambda}$$

gibt den Wert der Wahrscheinlichkeit dafür an, daß ein mit der Wahrscheinlichkeit w auftretendes Merkmal in einer Serie von n Versuchen genau λmal vorkommt. Beweise die *Newton*sche Formel bei Zugrundelegung der Wahrscheinlichkeit „a posteriori" und gib die Voraussetzungen an, die die Ereignisfolge erfüllen muß, wenn die *Newton*sche Formel für sie gelten soll.

§ 7. Die Wahrscheinlichkeit als Grenzwert einer Doppelfolge und das Iterationsproblem

Will man feststellen, ob ein Würfel „regulär" ist, so wird man möglichst viele Würfe ausführen und prüfen, ob die relative Häufigkeit für die „6" oder eine andere Augenzahl näherungsweise $\frac{1}{6}$ ist. Die Güte der Annäherung an diesen idealen Wert wird bei einem richtigen Würfel umso besser sein, je größer die Anzahl der Würfe ist, die man zur Prüfung herangezogen hat. Es liegt nun nahe, es als gleichgültig zu betrachten, ob man mit dem Würfeln jetzt beginnt, ob man in tausend Jahren damit beginnen wird, indem man die bis dahin aufgetretenen Ergebnisse vernachlässigt, oder ob man bereits vor tausend Jahren damit begonnen hat. Dies erscheint umso selbstverständlicher, als man sich den Würfel im Gedankenexperiment ohnehin schon seit tausend Jahren geworfen denken darf, bevor man mit der tatsächlichen Prüfung beginnt.

In der Bestimmung der relativen Häufigkeit $h_n(\mathfrak{E}, \mathfrak{M})$ aus dem Ereignisintervall $\mathfrak{E}_1, \mathfrak{E}_2, \mathfrak{E}_3, \ldots, \mathfrak{E}_n$ kann man daher eine ungerechtfertigte Bevorzugung des ersten Gliedes der Ereignisfolge erblicken. Wir wollen deshalb jetzt die Begriffe der absoluten und relativen Häufigkeit etwas allgemeiner fassen. Wir betrachten das aus n Gliedern bestehende Ereignisintervall

$$\mathfrak{E}_m, \mathfrak{E}_{m+1}, \mathfrak{E}_{m+2}, \mathfrak{E}_{m+3}, \ldots, \mathfrak{E}_{m+n-1}$$

und verstehen unter der absoluten Häufigkeit $H_{m,n}(\mathfrak{E}, \mathfrak{M})$ die Anzahl derjenigen Glieder des genannten Intervalls, auf die das Merkmal $\mathfrak{M}$ zutrifft. Dabei wird die Nummer m des ersten Gliedes des betrachteten Intervalls als variabel und unabhängig von n angenommen. $H_{4,7}(\mathfrak{E}, \mathfrak{M})$ bedeutet z.B. die Anzahl der Ereignisse in dem Abschnitt

$$\mathfrak{E}_4, \mathfrak{E}_5, \mathfrak{E}_6, \mathfrak{E}_7, \mathfrak{E}_8, \mathfrak{E}_9, \mathfrak{E}_{10},$$

auf die das Merkmal $\mathfrak{M}$ zutrifft. Die relative Häufigkeit ergibt sich wieder nach Division durch n.

$$h_{m,n}(\mathfrak{E}, \mathfrak{M}) = \frac{H_{m,n}(\mathfrak{E}, \mathfrak{M})}{n}.$$

Diese so definierten relativen Häufigkeiten bilden eine zweifach unendliche Zahlenfolge, die man auch zur Grundlage einer Definition der mathematischen Wahrscheinlichkeit machen kann.

	$n=1$	$n=2$	$n=3$	$n=4$	$n=5$	...
$m=1$	$h_{1,1}$	$h_{1,2}$	$h_{1,3}$	$h_{1,4}$	$h_{1,5}$	...
$m=2$	$h_{2,1}$	$h_{2,2}$	$h_{2,3}$	$h_{2,4}$	$h_{2,5}$	...
$m=3$	$h_{3,1}$	$h_{3,2}$	$h_{3,3}$	$h_{3,4}$	$h_{3,5}$	...
$m=4$	$h_{4,1}$	$h_{4,2}$	$h_{4,3}$	$h_{4,4}$	$h_{4,5}$	...

Definition 25:

> Wir nennen eine Ereignisfolge $\mathfrak{E}$: $\mathfrak{E}_1$, $\mathfrak{E}_2$, $\mathfrak{E}_3$, $\mathfrak{E}_4$, ... in bezug auf ein zugehöriges Merkmal $\mathfrak{M}$ eine **simultane Wahrscheinlichkeitsfolge**, wenn der Simultanlimes der Doppelfolge der relativen Häufigkeiten existiert. Den Grenzwert bezeichnen wir als **simultane Wahrscheinlichkeit** w^* für das Auftreten des Merkmals $\mathfrak{M}$ in der Ereignisfolge $\mathfrak{E}$.
>
> $$w^*(\mathfrak{E}, \mathfrak{M}) = \lim_{m,\,n\to\infty} h_{m,\,n}$$

Wir wollen nun die Doppelfolge $(h_{m,\,n})$ einer genaueren Betrachtung unterziehen, um ihre charakteristischen Eigenschaften zu erkennen.

1. Die erste Zeile $(m=1)$ der Doppelfolge $(h_{m,\,n})$ ist nichts anderes als die normale einfache Zahlenfolge der relativen Häufigkeiten h_n. Denn für jedes n gilt

$$h_n(\mathfrak{E}, \mathfrak{M}) = h_{1,\,n}(\mathfrak{E}, \mathfrak{M}).$$

2. In jeder Doppelfolge $(h_{m,\,n})$ gelten die beiden folgenden Sätze.

Lehrsatz 28:

> **Strebt in der Doppelfolge der relativen Häufigkeiten $(h_{m,\,n})$ die erste Zeile dem Grenzwert w (mit $0 \leq w \leq 1$) zu, so gilt dasselbe auch für jede andere Zeile. Anders ausgedrückt:**
> **Wenn**
>
> $$\lim_{n\to\infty} h_{1,\,n}(\mathfrak{E}, \mathfrak{M}) = w,$$
>
> **so gilt auch für jedes $m = 2, 3, 4, ...$**
>
> $$\lim_{n\to\infty} h_{m,\,n}(\mathfrak{E}, \mathfrak{M}) = w.$$

Beweis:

Vergleiche ich zunächst in der Doppelfolge der absoluten Häufigkeiten $(H_{m,\,n})$ ein beliebiges $H_{m,\,n}$ mit dem zugehörigen $H_{1,\,n}$, so können sich diese beiden natürlichen Zahlen höchstens um soviele Einheiten unterscheiden, wie die beiden ihnen zugrunde liegenden Ereignisserien

$$\mathfrak{E}_m, \mathfrak{E}_{m+1}, \mathfrak{E}_{m+2}, \mathfrak{E}_{m+3}, \ldots, \mathfrak{E}_{m+n-1}$$

und

$$\mathfrak{E}_1, \mathfrak{E}_2, \mathfrak{E}_3, \mathfrak{E}_4, \ldots, \mathfrak{E}_n$$

verschiedene Ereignisse enthalten; denn die beiden Serien gemeinsamer Ereignisse liefern denselben Beitrag für $H_{m,n}$ und $H_{1,n}$, weil beide H sich auf das gleiche Merkmal beziehen. Bezeichnen wir also den maximalen absoluten Unterschied zwischen $H_{m,n}$ und $H_{1,n}$ mit $D_{m,n}$, so ist

$$D_{m,n} = \begin{cases} n & \text{für} \quad n \leq m-1 \\ m-1 & \text{für} \quad n \geq m-1 \end{cases}$$

Die $D_{m,n}$ bilden daher die folgende Doppelfolge:

	$n=1$	$n=2$	$n=3$	$n=4$	$n=5$	$n=6$	$n=7$	$n=8$	
$m=1$	0	0	0	0	0	0	0	0	...
$m=2$	1	1	1	1	1	1	1	1	...
$m=3$	1	2	2	2	2	2	2	2	...
$m=4$	1	2	3	3	3	3	3	3	...
$m=5$	1	2	3	4	4	4	4	4	...
$m=6$	1	2	3	4	5	5	5	5	...
$m=7$	1	2	3	4	5	6	6	6	...

$(D_{m,n})$

Betrachte ich nun die Doppelfolge der relativen Häufigkeiten und bezeichne ich entsprechend den größtmöglichen Unterschied eines beliebigen $h_{m,n}$ von dem zugehörigen $h_{1,n}$ mit $d_{m,n}$, so muß

$$d_{m,n} = \frac{D_{m,n}}{n}$$

sein, denn aus

$$|H_{m,n} - H_{1,n}| \leq D_{m,n}$$

folgt

$$|h_{m,n} - h_{1,n}| = \frac{|H_{m,n} - H_{1,n}|}{n} \leq \frac{D_{m,n}}{n}$$

Daher ist

$$d_{m,n} = \begin{cases} 1 & \text{für} \quad n \leq m-1 \\ \dfrac{m-1}{n} & \text{für} \quad n \geq m-1 \end{cases}$$

und die $d_{m,n}$ bilden die folgende Doppelfolge:

$(d_{m,n})$		$n=1$	$n=2$	$n=3$	$n=4$	$n=5$	$n=6$	$n=7$	$n=8\ldots$
	$m=1$	0	0	0	0	0	0	0	0 $\ldots$
	$m=2$	1	$\frac{1}{2}$	$\frac{1}{3}$	$\frac{1}{4}$	$\frac{1}{5}$	$\frac{1}{6}$	$\frac{1}{7}$	$\frac{1}{8}$ $\ldots$
	$m=3$	1	1	$\frac{2}{3}$	$\frac{2}{4}$	$\frac{2}{5}$	$\frac{2}{6}$	$\frac{2}{7}$	$\frac{2}{8}$ $\ldots$
	$m=4$	1	1	1	$\frac{3}{4}$	$\frac{3}{5}$	$\frac{3}{6}$	$\frac{3}{7}$	$\frac{3}{8}$ $\ldots$
	$m=5$	1	1	1	1	$\frac{4}{5}$	$\frac{4}{6}$	$\frac{4}{7}$	$\frac{4}{8}$ $\ldots$
	$m=6$	1	1	1	1	1	$\frac{5}{6}$	$\frac{5}{7}$	$\frac{5}{8}$ $\ldots$
	$m=7$	1	1	1	1	1	1	$\frac{6}{7}$	$\frac{6}{8}$ $\ldots$

Da in jedem Falle $d_{m,n} \leqq \dfrac{m-1}{n}$ ist, konvergiert jede Zeile der Doppelfolge $(d_{m,n})$, und es gilt für jedes $m = 2, 3, 4, \ldots$

$$\lim_{n \to \infty} d_{m,n} = 0.$$

Allerdings konvergieren die Zeilen von $(d_{m,n})$ nicht gleichmäßig, wie an dem obigen Schema deutlich erkennbar ist.
Nach Voraussetzung ist nun

$$\lim_{n \to \infty} h_{1,n} = w.$$

Nach den Lehrsätzen 15 und 16 gelten also auch

$$\lim_{n \to \infty} (h_{1,n} + d_{m,n}) = w \quad \text{und} \quad \lim_{n \to \infty} (h_{1,n} - d_{m,n}) = w$$

für jedes feste m.
Wegen

$$|h_{m,n} - h_{1,n}| \leqq d_{m,n}$$

gilt

$$h_{1,n} - d_{m,n} \leqq h_{m,n} \leqq h_{1,n} + d_{m,n}.$$

Daraus folgt mit Hilfe des Lehrsatzes 14

$$\lim_{n\to\infty} h_{m,n} = w$$

für jedes feste m, was zu beweisen war.

Lehrsatz 29:

> **Ist in der Doppelfolge der relativen Häufigkeiten die erste Zeile divergent, existieren also die Zahlen**
>
> $$g = \underline{\lim_{n\to\infty}}\, h_{1,n} \quad \text{und} \quad G = \overline{\lim_{n\to\infty}}\, h_{1,n}$$
>
> **mit $g < G$, so ist jede andere Zeile auch divergent, und es ist**
>
> $$\underline{\lim_{n\to\infty}}\, h_{m,n} = g \quad \text{und} \quad \overline{\lim_{n\to\infty}}\, h_{m,n} = G$$
>
> **für jedes m.**

Beweis:

Mit Hilfe der im Beweis des Lehrsatzes 28 eingeführten Größen $d_{m,n}$ läßt sich ganz analog auch dieser Satz beweisen. Nach Voraussetzung müssen innerhalb der Folge $h_{1,n}$ Teilfolgen existieren, die gegen g und G konvergieren. Auf diese Teilfolgen können wir den Lehrsatz 28 anwenden und schließen, daß jede Zeile Teilfolgen besitzen muß, die gegen g und G konvergieren, womit die Divergenz jeder Zeile bewiesen ist.

3. Wenn sämtliche Zeilen der Doppelfolge $(h_{m,n})$ divergent sind, kann auch der Simultanlimes nicht existieren. Denn jede Zeile ist eine einfache Folge relativer Häufigkeiten, auf die der Lehrsatz 20 anwendbar ist; sie besitzt deshalb einen limes inferior und einen von ihm verschiedenen limes superior. Wenn also der Simultanlimes vorhanden ist, können nicht sämtliche Zeilen der Doppelfolge divergieren. Das ist nach Lehrsatz 29 aber nur möglich, wenn der Grenzwert der ersten Zeile existiert; anders ausgedrückt:

Lehrsatz 30:

> **Jede simultane Wahrscheinlichkeitsfolge im Sinne der Definition 25 ist auch eine Wahrscheinlichkeitsfolge im Sinne der Definition 16.**

4. Daß nicht jede Wahrscheinlichkeitsfolge im Sinne der Definition 16 auch eine simultane Wahrscheinlichkeitsfolge im Sinne der Definition 25 sein muß, wollen wir an einem Beispiel zeigen.

Wir bilden die nur aus zwei Alternativmerkmalen bestehende Ereignisfolge

$$\mathfrak{X}_2: 1\ 11\ 1110\ 11110000\ 1111100000000000\ 111111000000 \ldots\ldots$$

Sie ist folgendermaßen gebildet:
Beim 1., 2., 4., 8., ..., allgemein bei jedem 2^p-ten Glied ($p = 0, 1, 2, \ldots$) beginnt eine Eins-Serie der Länge 1, 2, 3, 4, ..., allgemein der Länge $p+1$; die übrigen Stellen werden durch Nullen ausgefüllt.
Wir zeigen:
a) Die Folge ist eine Wahrscheinlichkeitsfolge im Sinne der Definition 16. Es gilt nämlich

$$\lim_{n\to\infty} h_n(\mathfrak{X}_2, 1) = 0$$

Dazu bilden wir zunächst die Folge der absoluten und die der relativen Häufigkeiten:

$$H_n(\mathfrak{X}_2, 1): 1,\ 2,\ 3,\ 4,\ 5,\ 6,\ 6,\ 7,\ 8,\ 9,\ 10,\ 10,\ 10,\ 10,$$
$$10,\ 11,\ 12,\ 13,\ 14,\ 15,\ 15,\ 15,$$

$$h_n(\mathfrak{X}_2, 1): \frac{1}{1},\ \frac{2}{2},\ \frac{3}{3},\ \frac{4}{4},\ \frac{5}{5},\ \frac{6}{6},\ \frac{6}{7},\ \frac{7}{8},\ \frac{8}{9},\ \frac{9}{10},\ \frac{10}{11},\ \frac{10}{12},\ \frac{10}{13},\ \frac{10}{14},$$
$$\frac{10}{15},\ \frac{11}{16},\ \frac{12}{17},\ \frac{13}{18},\ \frac{14}{19},\ \frac{15}{20},\ \frac{15}{21},\ \frac{15}{22},\ \ldots$$

Die Teilfolge der h_n, die aus den kleinsten Gliedern besteht und gegen den limes inferior konvergieren muß, erhalten wir, wenn wir alle h_n unmittelbar vor dem Einsetzen einer Eins-Serie auswählen:

$$\frac{1}{1},\ \frac{3}{3},\ \frac{6}{7},\ \frac{10}{15},\ \frac{15}{31},\ \ldots$$

Diese Glieder haben die allgemeine Form

$$g_\varrho = \frac{\sum\limits_{i=1}^{\varrho} i}{2^\varrho - 1};\quad \varrho = 1, 2, 3, \ldots$$

Beim Ende der Eins-Serien sind die h_n am größten, so daß wir entsprechend für die G_ϱ, deren Grenzwert der limes superior von h_n sein muß, erhalten

$$\frac{1}{1},\ \frac{3}{3},\ \frac{6}{6},\ \frac{10}{11},\ \frac{15}{20},\ \ldots$$

Allgemein

$$G_\varrho = \frac{\sum\limits_{i=1}^{\varrho} i}{2^{\varrho-1} + \varrho - 1}\; ; \quad \varrho = 1, 2, 3, \ldots$$

Nun ist aber

$$\lim_{\varrho \to \infty} g_\varrho = \lim_{\varrho \to \infty} G_\varrho = 0$$

Das heißt

$$\lim_{n \to \infty} h_n = 0$$

b) Die Folge $\mathfrak{X}_2$ kann aber keine simultane Wahrscheinlichkeitsfolge im Sinne der Definition 25 sein. Denn dazu wäre nötig, daß man zu jedem beliebig klein vorgegebenen $\varepsilon > 0$ zwei natürliche Zahlen M und N angeben könnte, so daß

$$|h_{m,\,n}| < \varepsilon$$

sobald nur $m > M$ und $n > N$ sind (vergl. Definition 12). Dies trifft nicht zu. Denn da beliebig „spät" in $\mathfrak{X}_2$ immer noch Eins-Serien ständig wachsender Länge vorkommen, muß sich zu jedem Zahlenpaar M, N immer noch ein $h_{m,\,n}$ angeben lassen, dessen Indices m und n größer als M und N sind, das aber dennoch den Wert 1 besitzt. Alle $h_{m,\,n}$ von der Form

$$h_{2^p,\,p+1}$$

sind nämlich gleich 1.

Anmerkung:

Bei di sem Beispiel braucht man sich keineswegs auf den Wahrscheinlichkeitswert 0 zu beschränken. Man kann nämlich an die Stelle der Null-Serien, die die Lücken zwischen den Eins-Serien ausfüllen, beliebige Wahrscheinlichkeitsfolgen mit irgend einem w setzen, dessen Wert verschieden von 0 und verschieden von 1 ist. Denn wir haben gesehen, daß die Eins-Serien von $\mathfrak{X}_2$ trotz ihrer wachsenden Länge keinen Einfluß auf die Konvergenz der einfachen relativen Häufigkeiten haben. Ihre Länge wächst im Verhältnis zu der Häufigkeit ihres Auftretens zu schwach.

5. Aus dem Abschnitt 4 entnehmen wir, daß es für die Existenz des Simultanlimes der Doppelfolge der relativen Häufigkeiten außer der aus dem Lehrsatz 30 hervorgehenden notwendigen Bedingung der Konvergenz der einfachen Folge der relativen Häufigkeiten noch eine weitere notwendige Bedingung gibt: Serien eines bestimmten Merkmals belie-

biger Länge (auch Iterationen beliebiger Länge genannt) dürfen in der Ereignisfolge nicht vorkommen. Damit sind wir bei dem sogenannten Iterationsproblem angelangt. Bevor wir uns diesem in 6 zuwenden, wollen wir noch zeigen, daß auch diese zweite notwendige Bedingung für die Existenz des Doppellimes nicht hinreichend ist.

Zerstören wir in unserer Ereignisfolge $\mathfrak{X}_2$ nämlich alle Eins-Iterationen der Länge K und größerer Länge (K ist eine beliebige natürliche Zahl) dadurch, daß wir in jeder Serie die K-te, $2K$-te, $3K$-te, ... Eins durch eine Null ersetzen, so erhalten wir eine neue Ereignisfolge, die wir mit $\mathfrak{Y}_2$ bezeichnen wollen und von der sich zeigen läßt, daß auch für sie die Doppelfolge der relativen Häufigkeiten bezüglich der 1 nicht konvergieren kann.

Denn wenn wir diejenigen $h_{m,\,n}(\mathfrak{X}_2, 1)$ ins Auge fassen, deren erster Index m immer die Anfangsstelle einer Eins-Iteration und deren zweiter Index n jedesmal die Länge der betreffenden Iteration in $\mathfrak{X}_2$ angibt, und diese mit $h^*_{m,\,n}(\mathfrak{X}_2, 1)$ bezeichnen, so erkennen wir,
daß stets
$$h^*_{m,\,n}(\mathfrak{X}_2, 1) = 1$$
ist.

Nach dem Eingriff erhalten wir

$$h^*_{m,\,n}(\mathfrak{Y}_2, 1) = 1 \quad \text{für} \quad n \leqq K-1 \quad \text{und} \quad h^*_{m,\,n}(\mathfrak{Y}_2, 1) \geqq \frac{K-1}{K} \quad \text{für} \quad n \geqq K.$$

Das genügt, um auf die Divergenz der Doppelfolge zu schließen.

6. Vor einigen Jahrzehnten ist von dem Würzburger Philosophen K. Marbe das sogenannte Iterationsproblem aufgeworfen worden. Wenn ein bestimmtes Merkmal $\mathfrak{M}$, das mit einer Wahrscheinlichkeit w erwartet werden kann, ununterbrochen und jedesmal unabhängig von dem vorhergehenden Mal genau n mal nacheinander auftritt, so sprechen wir von einer „Iteration der Länge n" dieses Merkmals. Legt man das Multiplikationsgesetz zugrunde, das die klassische und die moderne Wahrscheinlichkeitsrechnung in die gemeinsame Formel

$$W = \prod_{i=1}^{r} w_i$$

kleiden, und bedenkt man, daß unmittelbar vor und unmittelbar nach der Iteration das Merkmal $\mathfrak{M}$ bestimmt nicht auftritt (sonst handelte es sich um eine längere Iteration), so findet man als Wahrscheinlichkeit W_k für das Auftreten einer Iteration der Länge k

$$W_k = w^k \cdot (1-w)^2,$$

wobei w die Wahrscheinlichkeit für das Erscheinen des Merkmals an sich ist. Danach besteht für jede noch so lange Iteration eine Wahrscheinlichkeit, die größer als 0 ist, wenn auch der Wert dieser Wahrscheinlichkeit für festes w umso kleiner wird, je größer k ist. Iterationen beliebiger Länge dürfen demnach erwartet werden. Die Gültigkeit der Newtonschen Formel und der Formel für die Iterationen setzt allerdings ganz bestimmte Eigenschaften der zugrunde gelegten Ereignisfolge voraus, die das v. Misessche Kollektiv zwar immer besitzt, die aber nicht ohne weiteres bei jeder Wahrscheinlichkeitsfolge im Sinne der Definition 16 vorausgesetzt werden dürfen. Man ist geneigt, in der Natur vorkommende, dem reinen Zufall unterliegende Versuchsserien als im v. Misesschen Sinne regellos anzusehen, und gelangt dann zu der Schlußfolgerung, daß Iterationen beliebiger Länge bei sehr langen Versuchsserien wirklich vorkommen, wenn sie auch dem Werte von W_k entsprechend mit zunehmendem k immer seltener werden müssen. An dieser Tatsache hat auch niemand gezweifelt, bis $K.$ $Marbe$ mit Mutmaßungen an die Öffentlichkeit trat, zu denen er auf Grund naturphilosophischer Überlegungen gelangte. $Marbe$ behauptete zuerst, daß bei Ereignissen oder Zuständen in der Natur Iterationen von einer bestimmten Länge ab nicht mehr vorkommen. Später hat er diese Behauptung dahingehend abgeschwächt, daß er sagte, Iterationen sehr großer Länge kämen seltener vor, als nach der Wahrscheinlichkeitsrechnung (Newtonsche Formel und Formel für die Wahrscheinlichkeit der Iterationen) zu erwarten ist. Er hat seine Ansicht zu stützen versucht, indem er etwa 200 000 Eintragungen in die Geburtsregister der Städte Würzburg, Fürth, Augsburg und Freiburg untersuchte. Später hat er weitere Auszüge aus Geburtsregistern in noch größerer Zahl mitgeteilt. Er glaubte, in diesem Material die Feststellung gemacht zu haben, daß Eintragungen von 10 bis 14 Knabengeburten nacheinander weniger oft vorkommen, als auf Grund der Wahrscheinlichkeitsrechnung anzunehmen ist, wobei er die Wahrscheinlichkeit für eine Knabengeburt durch Feststellung der relativen Häufigkeit derselben innerhalb der Gesamtheit der betrachteten Eintragungen $w = 0,5110$ fand. Von den Mathematikern wurde dieses von $Marbe$ beigebrachte Material dagegen geradezu als glänzende Bestätigung für die Anwendbarkeit der Formeln angesehen. Dazu ist zu sagen, daß das $Marbe$sche Material noch viel zu wenig umfangreich ist, um daraus so weittragende Schlüsse ziehen zu können. Man kann aus relativ kleinen Abweichungen, wie sie $Marbe$ feststellt, deren Vorhandensein an sich schon in Zweifel gezogen wird, nicht Gesetzmäßigkeiten ableiten. Die Wahrscheinlichkeitsrechnung sagt nicht aus, daß in einer Serie von Ereignissen eine Iteration der Länge k so und so oft vorkommen muß, sondern sie behauptet nur, daß die relative Häufigkeit ihres Auftretens bei sehr großen Intervallen von Ereignissen einem bestimmten Grenzwert allmählich sehr nahe kommt. Außerdem ist es überhaupt fraglich, ob derart komplizierte biologische Vorgänge dem „reinen Zufall“ unterliegen.

Gleichwohl ist die von *Marbe* aufgeworfene Frage von außerordentlich großer Bedeutung für die Physik. Wir wissen heute, daß die physikalischen Vorgänge, die sich im molekularen Maßstabe vollziehen, den Gesetzen der Wahrscheinlichkeit unterworfen sind. Die gesamte kinetische Gastheorie kann auf statistische Überlegungen zurückgeführt werden. Die Anzahl der vorhandenen kleinsten Teilchen ist so riesengroß, daß Iterationen großer Länge dort in Betracht gezogen werden müssen.

Nun, eine Entscheidung in dem Streit um das Vorkommen der Iterationen bei Naturvorgängen kann selbstverständlich nicht eine Theorie bringen, sondern bleibt umfangreichen experimentellen Untersuchungen vorbehalten. Daß aber auch vom mathematischen Gesichtspunkt die *Marbe*sche Behauptung nicht einfach mit einer abfälligen Bemerkung abgetan werden kann, wie es geschehen ist, zeigt uns die Tatsache, daß man von selbst diese Behauptung—und zwar in ihrer stärkeren Form—voraussetzen muß, wenn man den Wahrscheinlichkeitsbegriff mit Hilfe der Doppelfolge der relativen Häufigkeiten definiert (vergl. Ziffer 5). Danach erscheint nach unseren obigen Überlegungen die Definition der mathematischen Wahrscheinlichkeit als Simultanlimes doch keineswegs als an den Haaren herbeigezogen. Sie entstammt Gedankengängen, die mit dem Iterationsproblem zunächst nichts zu tun haben. Mit den heutigen physikalischen und technischen Mitteln sollte es möglich sein, die Frage des Vorkommens langer Iterationen in der Natur durch milliardenfach wiederholte und automatisch registrierte Versuche zu klären.

Beispiele:

1. Beweise, daß eine Ereignisfolge, in der für jedes n die Gleichung

$$H_{1,n}\,(\mathfrak{E}, \mathfrak{M}) = [n \cdot c] \quad \text{mit} \quad 0 < c < 1$$

gilt, eine simultane Wahrscheinlichkeitsfolge mit der Wahrscheinlichkeit

$$w^*\,(\mathfrak{E}, \mathfrak{M}) = c$$

ist.

Lösung:

Zu jeder natürlichen Zahl ϱ gibt es eine kleinste natürliche Zahl r_ϱ, so daß bei unserem vorgegebenen c

$$[r_\varrho \cdot c] = \varrho$$

ist. Dabei gilt

$$1 \leqq r_1 < r_2 < r_3 < \ldots$$

und

$$[n \cdot c] = [r_\varrho \cdot c] \quad \text{für} \quad r_\varrho \leqq n < r_{\varrho+1}.$$

Setzen wir nun

$$\mathfrak{E}_\lambda = \begin{cases} 1 \ \text{für} \ \lambda = r_1, r_2, \ldots \\ 0 \ \text{sonst,} \end{cases}$$

so haben wir eindeutig eine aus Einsen und Nullen bestehende Ereignisfolge gewonnen. Da es zu jeder natürlichen Zahl n ein ϱ mit

$$r_\varrho \leqq n < r_{\varrho+1}$$

gibt, so ist in dieser Ereignisfolge die Forderung

$$H_{1,n}(\mathfrak{E}, 1) = H_{1,r_\varrho}(\mathfrak{E}, 1) = \varrho = [r_\varrho \cdot c] = [n \cdot c]$$

erfüllt. Es bleibt zu zeigen, daß diese $\mathfrak{E}$-Folge wirklich eine simultane Ereignisfolge ist. In jeder $\mathfrak{E}$-Folge ist stets

$$H_{m,n} = H_{1,m+n-1} - H_{1,m-1}.$$

Für unsere Folge erhalten wir daher

$$H_{m,n} = [(m+n-1)\cdot c] - [(m-1)\cdot c]$$

und

$$h_{m,n} = \frac{H_{m,n}}{n} = \frac{[(m+n-1)\cdot c]}{n} - \frac{[(m-1)\cdot c]}{n}.$$

Wegen der allgemeingültigen Beziehung $x-1 < [x] \leqq x$ gilt

$$\frac{(m+n-1)\cdot c}{n} - \frac{1}{n} < \frac{[(m+n-1)\cdot c]}{n} \leqq \frac{(m+n-1)\cdot c}{n},$$

$$\frac{(m-1)\cdot c}{n} - \frac{1}{n} < \frac{[(m-1)\cdot c]}{n} \leqq \frac{(m-1)\cdot c}{n}.$$

Daraus folgt einerseits

$$h_{m,n} \geqq \frac{(m+n-1)\cdot c}{n} - \frac{1}{n} - \frac{(m-1)\cdot c}{n},$$

andererseits

$$h_{m,n} \leqq \frac{(m+n-1)\cdot c}{n} - \frac{(m-1)\cdot c}{n} + \frac{1}{n}.$$

Die Abschätzung nach oben unterscheidet sich von der nach unten unabhängig von m um $\frac{2}{n}$, geht also bei über alle Grenzen wachsendem n gegen 0.
Deshalb ist

$$\lim_{m,n\to\infty} h_{m,n}(\mathfrak{E}, 1) = c,$$

was zu beweisen war.

2. Zeige, daß die im Beispiel 1 definierte Ereignisfolge für rationales c das Merkmal $\mathfrak{M}$ periodisch enthalten muß und daß das Merkmal bei irrationalem c nicht periodisch sein kann.

Lösung:

Nehmen wir zunächst c rational an mit $c = \dfrac{p}{q}$, wobei wir ohne Beschränkung des allgemeinen Falles annehmen dürfen, daß p und q teilerfremde natürliche Zahlen sind. Dann gelten folgende Beziehungen:

$$[q \cdot c] = q \cdot c = p; \quad H_{1,q} = p; \quad \sum_{i=1}^{q} \mathfrak{E}_i = p.$$

Für jede natürliche Zahl x ist:

$$(q + x) \cdot c = q \cdot c + x \cdot c = p + x \cdot c$$

$$[(q + x) \cdot c] = p + [x \cdot c]$$

$$H_{1,\,q+x} = p + H_{1,\,x}.$$

Nun ist aber

$$H_{1,\,q+x} = H_{1,\,q} + H_{q+1,\,x},$$

also

$$H_{1,\,q+x} = p + H_{q+1,\,x}.$$

Folglich

$$H_{q+1,\,x} = H_{1,\,x}$$

$$\sum_{i=q+1}^{q+x} \mathfrak{E}_i = \sum_{i=1}^{x} \mathfrak{E}_i$$

Das heißt

$$\mathfrak{E}_{q+x} = \mathfrak{E}_x$$

für jedes x, die $\mathfrak{E}$-Folge ist periodisch.

Nach Lehrsatz 21 ist jede periodische $\mathfrak{E}$-Folge eine Wahrscheinlichkeitsfolge mit rationaler Wahrscheinlichkeit. Für irrationales c kann unsere $\mathfrak{E}$-Folge deshalb nicht periodisch sein. Hierdurch ist gleichzeitig bewiesen, daß es auch nichtperiodische simultane Wahrscheinlichkeitsfolgen gibt.

3. Bilde eine Ereignisfolge $\mathfrak{Z}_q$, in der beim q^t-ten Glied eine $\mathfrak{M}$-Iteration der Länge q^t beginnt. Ist diese Folge eine Wahrscheinlichkeitsfolge? Ist sie eine simultane Wahrscheinlichkeitsfolge? ($q \geqq 2$; $t = 0, 1, 2, \ldots$)

Lösung:

$\mathfrak{Z}_2$ würde eine Folge sein, die nur aus Einsen besteht.

$\mathfrak{Z}_3$: 101110001111111111000000000111111111....

n: $\underset{\smile}{1}$ $\underset{\smile}{q}$ $\underset{\smile}{q^2}$ $\underset{\smile}{q^3}$

$\mathfrak{Z}_q$: 10..01..(q)..10..01..(q^2)..10..01..(q^3)..10...

Die Größen g_ϱ und G_ϱ werden jetzt:

$$g_\varrho = \frac{\displaystyle\sum_{i=0}^{\varrho} q^i}{q^{\varrho+1}-1} = \frac{\displaystyle\sum_{i=0}^{\varrho} \frac{1}{q^i}}{q-\dfrac{1}{q^\varrho}}$$

$$G_\varrho = \frac{\displaystyle\sum_{i=0}^{\varrho} q^i}{q^{\varrho+1}-1-(q^{\varrho+1}-2q^\varrho)} = \frac{\displaystyle\sum_{i=0}^{\varrho} \frac{1}{q^i}}{2-\dfrac{1}{q^\varrho}}$$

Es gilt stets

$$\lim_{\varrho\to\infty} g_\varrho = \frac{1}{q-1}$$

und

$$\lim_{\varrho\to\infty} G_\varrho = \frac{q}{2\cdot(q-1)}.$$

Diese beiden Werte sind für $q \geq 3$ voneinander verschieden. Außer dem schon genannten trivialen Fall $q = 2$ ist unsere Folge demnach keine Wahrscheinlichkeitsfolge, geschweige denn eine simultane Wahrscheinlichkeitsfolge.

Übungsaufgaben:

1. Beweise, daß jede periodische Ereignisfolge eine simultane Wahrscheinlichkeitsfolge ist.

2. Bilde eine Ereignisfolge $\mathfrak{X}_3$ analog zu der Folge $\mathfrak{X}_2$ aus § 7, indem Du die Iterationen der Länge $p+1$ nicht bei dem 2^p-ten, sondern beim 3^p-ten Glied beginnen läßt. Zeige, daß auch diese $\mathfrak{E}$-Folge zwar eine gewöhnliche $\mathfrak{W}$-Folge, aber keine simultane $\mathfrak{W}$-Folge ist.

3. Bilde allgemeiner als in Aufgabe 2 eine Ereignisfolge $\mathfrak{X}_q$, in der bei jedem q^p-ten Glied eine Iteration der Länge $p+1$ beginnt. Zeige, daß diese Folge für jedes $q \geq 2$ eine $\mathfrak{W}$-Folge, aber keine simultane $\mathfrak{W}$-Folge ist.

4. Bilde die Ereignisfolge $\mathfrak{B}_2$, in der beim 1., 4., 9., ... Glied eine Iteration der Länge 1, 2, 3, ... beginnt. Untersuche Zeilen- und Simultankonvergenz der Doppelfolge der relativen Häufigkeiten.

5. Verallgemeinere die Folge $\mathfrak{B}_2$ auf $\mathfrak{B}_p$, in der beim q^p-ten Glied eine Iteration der Länge q beginnt ($q = 1, 2, 3, ...$), und stelle die entsprechenden Konvergenzuntersuchungen an.

§ 8. Statistik

Zu den bedeutendsten und umfangsreichsten Anwendungsgebieten der Wahrscheinlichkeitsrechnung gehört die Statistik. Ihre Aufgabe ist es, lange Versuchsreihen und Massenerscheinungen aller Art zu erfassen und zu analysieren. Dabei wird die ermittelte relative Häufigkeit dem Wert der Wahrscheinlichkeit gleichgesetzt. Der theoretische und abstrakte Begriff der Wahrscheinlichkeit wird hier durch den am konkreten Beispiel empirisch gefundenen Zahlenwert ersetzt. Je größer die Zahl der verwendeten Beobachtungen bezw. je länger die Versuchsreihe, desto besser ist die Annäherung an den theoretischen Wert. Dabei ist klar, daß der moderne Wahrscheinlichkeitsbegriff, also die „Wahrscheinlichkeit a posteriori" ja nichts anderes ist als eine Idealisierung praktisch ermittelter Werte der relativen Häufigkeit. Insofern gehören Statistik und moderne Wahrscheinlichkeitsrechnung eng zusammen; beide gehen von der gleichen Grundlage aus. Die Aufgabe der Statistik, die man gelegentlich auch „Häufigkeitslehre" nennt, ist es, die Ergebnisse der Wahrscheinlichkeitsrechnung praktisch zu nutzen und auch sie zu überprüfen.

Beispiele:

1. Ein Automat stellt zu Tausenden die Achse für den Anker einer Armbanduhr her. Aus dem Ausstoß eines Tages werden wahllos 1000 Achsen entnommen und genau auf Einhaltung der für Länge und Dicke festgesetzten Toleranzen untersucht. Dabei ergibt sich, daß

    a) 19 Achsen zu dick,
    b) 25 Achsen zu dünn,
    c) 27 Achsen zu lang und
    d) 23 Achsen zu kurz sind.

Wir berechnen zunächst die relativen Häufigkeiten für die verschiedenen Ausschußarten und bezeichnen sie gleich als Wahrscheinlichkeiten. Wir erhalten

$$w_a = 0{,}019 \qquad w_b = 0{,}025 \qquad w_c = 0{,}027 \qquad w_d = 0{,}023$$

Wenden wir jetzt die Grundgesetze der Wahrscheinlichkeitsrechnung an, so erhalten wir als Wahrscheinlichkeit für

zu dünne oder zu dicke Achsen	0,044	(Lehrsatz 22)
zu lange oder zu kurze Achsen	0,050	(Lehrsatz 22)
zu dicke und zu lange Achsen	0,000513	(Lehrsatz 23)
zu dicke und zu kurze Achsen	0,000437	(Lehrsatz 23)
zu dünne und zu lange Achsen	0,000675	(Lehrsatz 23)
zu dünne und zu kurze Achsen	0,000575	(Lehrsatz 23)

Bei der Berechnung der Wahrscheinlichkeit für den Ausschuß der zu dicken oder zu langen Achsen muß bedacht werden, daß die Merkmale „zu dick" und „zu lang" sich nicht einander ausschließen wie zum Beispiel „zu dick" und „zu dünn". Außer dem Additionsgesetz muß deshalb noch das Multiplikationsgesetz angewendet werden. Von der Summe $w_a + w_c$ muß das Produkt $w_a \cdot w_c$ abgezogen werden, weil die Achsen, die sowohl zu dick als auch zu lang sind, sonst doppelt gezählt würden. Dieses Produkt wird man in vielen Fällen allerdings vernachlässigen können.

Wir erhalten somit als Wahrscheinlichkeit für den Ausschuß
der zu dicken oder zu langen Achsen 0,045487
der zu dicken oder zu kurzen Achsen 0,041563
der zu dünnen oder zu langen Achsen 0,051325
der zu dünnen oder zu kurzen Achsen 0,047425
Für den Gesamtausschuß schließlich erhält man

$$w_a + w_b + w_c + w_d - (w_a + w_b) \cdot (w_c + w_d) = 0{,}091800$$

Bei diesen Berechnungen ist vorausgesetzt, daß bei dem automatischen Fertigungsverfahren die zu den Dickeschwankungen führenden Einflüsse von denen unabhängig sind, die die Schwankungen der Länge verursachen. Ist diese Bedingung erfüllt, so wird man bei einer beliebigen Serie von 10 000 Stück mit folgenden Ausschußziffern zu rechnen haben:

Zu dünne oder zu dicke:	440 Stück
zu lange oder zu kurze:	500 Stück
zu dicke und zu lange:	6 Stück
zu dicke und zu kurze:	5 Stück
zu dünne und zu lange:	7 Stück
zu dünne und zu kurze:	6 Stück
zu dicke oder zu lange:	455 Stück
zu dicke oder zu kurze:	416 Stück
zu dünne oder zu lange:	514 Stück
zu dünne oder zu kurze:	475 Stück
Gesamtausschuß:	918 Stück

Werden die berechneten Häufigkeiten nicht annähernd gefunden, so kann man umgekehrt schließen, daß ein ursächlicher Zusammenhang zwischen den Stärke- und Längenschwankungen vorliegen muß.

2. Die in § 4, Beispiel 3, genannte experimentelle Bestimmung der Zahl π gehört streng genommen auch bereits in das Gebiet der Statistik. Denn auch hier wird die relative Häufigkeit, die aus einer endlichen Versuchsserie empirisch gefunden ist, der berechneten Wahrscheinlichkeit gleichgesetzt.

Das Gleiche gilt für das im Anschluß an den Lehrsatz 22 angegebene
Beispiel. Denn die dort vorgegebenen Wahrscheinlichkeitswerte können
ja nur auf Grund endlicher Versuchsserien berechnete relative Häufigkeiten sein; der an sich zu fordernde Grenzwert kann nicht bestimmt
werden.

Übungsaufgaben:

1. In einer Fertigungsserie von Schrauben treten zwei Fehler auf. Bei einer gewissen
   Anzahl der fertigen Schrauben fehlen die Einkerbungen, andere weisen ein fehler-
   haftes Gewinde auf. Manech Schrauben zeigen beide Fehler gleichzeitig. Gib statistische Verfahren an, mit denen man feststellen kann, ob zwischen beiden Fehlern
   ein Zusammenhang besteht.

2. Eine Maschine, die Damenstrümpfe herstellt, liefert 6% Ausschuß, der sofort ver-
   nichtet wird. Unter 10000 Stück der brauchbaren Ware wurden 495 der I. Wahl,
   6543 der II. Wahl, der Rest der III. Wahl zugeteilt.

   a) Wie groß ist die Wahrscheinlichkeit, daß ein aus dem Ausstoß der Maschine
      herausgegriffener Strumpf

      der   I. Wahl,

      der II. Wahl,

      der III. Wahl,

      dem Ausschuß angehört?

   b) Wie groß ist die Wahrscheinlichkeit dafür, daß in einer Serie von 12 Stück

      α) kein Stück,

      β) genau ein Stück,

      γ) höchstens 2 Stück,

      δ) mehr als 2 Stück Ausschuß sind?

3. Eine Telefonistin hat 3 Apparate zu bedienen. Statistisch ist festgestellt worden
   daß sie am Apparat A in jeder Stunde 6 Minuten, am Apparat B 12 Minuten und am
   Apparat C 9 Minuten beschäftigt ist.

   a) Wie groß ist die Wahrscheinlichkeit, daß die Telefonistin in einem bestimmten
      Augenblick unbeschäftigt ist?

   b) Wie groß ist die Wahrscheinlichkeit dafür, daß mindestens ein Apparat ihre
      Aufmerksamkeit erfordert?

   c) Wie groß ist die Wahrscheinlichkeit dafür, daß mindestens ein Apparat ihre Auf-
      merksamkeit nicht erfordert?

4. Von 1000 neugeborenen Kindern sind 514 Knaben und 486 Mädchen. Wieviele
   unter 100 Familien mit 6 Kindern werden nicht mehr als zwei Mädchen haben?

5. Eine Schule hat 315 männliche und 273 weibliche Schüler. Von den Jungen tragen 60,
   von den Mädchen 42 eine Brille. 61 Jungen und 3 Mädchen sind total oder partiell
   farbenblind, davon tragen 12 Jungen und 1 Mädchen eine Brille.

   a) Wie groß ist die Wahrscheinlichkeit dafür, daß in einer Klasse von 25 Schülern
      mehr als 4 Brillenträger sind?

b) Wie groß ist die Wahrscheinlichkeit dafür, daß in einer Klasse von 23 Schülern kein Brillenträger ist?

c) Wie groß ist die Wahrscheinlichkeit dafür, daß sich unter 10 Jungen höchstens 1 Brillenträger befindet?

d) Beurteile die Häufigkeit der Brillenträger bei Jungen und Mädchen.

e) Beurteile die Häufigkeit der Farbenblindheit bei Jungen und Mädchen.

f) Beurteile den Zusammenhang zwischen Farbenblindheit und Notwendigkeit, eine Brille zu tragen, bei Jungen und Mädchen.

6. Im Anhang findet sich als Tabelle 1 ein Auszug aus einer sogenannten Sterbetafel. Erläutere die Bedeutung der beiden dort angegebenen Spalten l_x und d_x.

a) Berechne für jedes Lebensalter die Sterbenswahrscheinlichkeit, das ist die Wahrscheinlichkeit dafür, daß ein Mensch dieses Alters im Laufe des nächsten Jahres sterben wird. Stelle die Sterbenswahrscheinlichkeit in Abhängigkeit vom Lebensalter graphisch dar.

b) Ermittle für jedes Lebensalter die mittlere Lebenserwartung, das heißt die Anzahl von Jahren, die ein Mensch eines bestimmten Lebensalters durchschnittlich noch lebt.

c) Ermittle für jedes Lebensalter die Zeit, nach deren Ablauf gerade die Hälfte aller Menschen dieses Alters noch am Leben sind.

d) Vergleiche die Ergebnisse von b) und c) miteinander.

§ 9. Anwendung der *Gauß—Laplace*schen Integralformel

Die *Gauß*sche Verteilungsfunktion

$$g(x) = \frac{1}{\sqrt{\pi \cdot c}} \cdot e^{-\frac{x^2}{c}} \quad \text{mit} \quad c = 2 \cdot n \cdot w \cdot \overline{w} \qquad (3)$$

oder

$$g(x) = \frac{h}{\sqrt{\pi}} \cdot e^{-h^2 x^2} \quad \text{mit} \quad h = \frac{1}{\sqrt{2 \cdot n \cdot w \cdot \overline{w}}} \qquad (4)$$

gibt die Wahrscheinlichkeit dafür an, daß in einer Serie von n gleichartigen Versuchen ein Merkmal $\mathfrak{M}$ mit einer Häufigkeit auftritt, die um den Betrag x von der wahrscheinlichsten Häufigkeit abweicht. Dabei bedeutet w die Wahrscheinlichkeit, mit der das Merkmal $\mathfrak{M}$ in der Serie auftritt. Die wahrscheinlichste Häufigkeit m liegt nahe bei $n \cdot w$; für sie gilt die Ungleichung

$$n \cdot w - \overline{w} \leq m < n \cdot w + w$$

(vergl. Beiheft 7, §§ 8 und 9).

Die Größe

$$h = \frac{1}{\sqrt{2n \cdot w \cdot \overline{w}}}$$

wird nach *Gauß* das „Genauigkeitsmaß" dieser Verteilung genannt. Sie ist charakteristisch für eine Verteilung und steht mit der „mittleren Streuung"

$$s = \sqrt{n \cdot w \cdot \overline{w}}$$

in der Beziehung

$$h = \frac{1}{s \cdot \sqrt{2}} \qquad (5)$$

Die *Gauß*sche Verteilungsfunktion wird vielfach auch als Wahrscheinlichkeitsdichte bezeichnet. Die Zahlenwerte der *Gauß*schen Verteilungsfunktion für das spezielle Genauigkeitsmaß

$$h_0 = \frac{1}{2} \cdot \sqrt{2}$$

sind in der Tabelle 2 des Anhanges zusammengestellt.

Durch Integration der Verteilungsfunktion erhält man die *Gauß—Laplace*sche Integralformel

$$W(r) = \frac{h}{\sqrt{\pi}} \cdot \int\limits_{-r}^{+r} e^{-h^2 x^2} \cdot dx \qquad (6)$$

oder

$$W(r) = \frac{1}{\sqrt{\pi}} \cdot \int\limits_{-\tau}^{+\tau} e^{-t^2} \cdot dt \quad \text{mit} \quad \tau = h \cdot r \qquad (7)$$

(vergleiche Beiheft 7, § 10).

Sie gibt die Gesamtwahrscheinlichkeit dafür an, daß die tatsächliche Häufigkeit, mit der das Merkmal $\mathfrak{M}$ in der Versuchsserie auftritt, um höchstens r Einheiten von der wahrscheinlichsten Häufigkeit abweicht, die obige Größe x also in den Bereich

$$-r \leqq x \leqq +r$$

fällt.

Die Tabelle 3 des Anhangs enthält die Funktionswerte von $W(r)$ für dasselbe Genauigkeitsmaß

$$h_0 = \frac{1}{2} \cdot \sqrt{2}\,.$$

Will man die *Gauß—Laplace*sche Integralformel praktisch anwenden, so genügt diese eine Tabelle für ein bestimmtes h auch dann, wenn die vorgegebene Verteilung ein anderes Genauigkeitsmaß aufweist. Denn jede andere Verteilung läßt sich auf diese eine zurückführen.

Legen wir also ein für allemal unsere Tabelle 3 zugrunde und bezeichnen wir die hierin tabellierte Funktion zur Abkürzung mit

$$W_0(r) = \frac{h_0}{\sqrt{\pi}} \cdot \int\limits_{-r}^{+r} e^{-h_0^2 \cdot x^2} \cdot dx\,. \qquad (8)$$

Für ein beliebiges $h = a \cdot h_0$ gilt dann

$$W(r) = \frac{h}{\sqrt{\pi}} \cdot \int\limits_{-r}^{+r} e^{-h^2 \cdot x^2} \cdot dx$$

$$= \frac{a \cdot h_0}{\sqrt{\pi}} \cdot \int\limits_{-r}^{+r} e^{-a^2 h_0^2 \cdot x^2} \cdot dx$$

und nach der Substitution $z = a \cdot x$; $dx = \dfrac{1}{a} \cdot dz$

$$W(r) = \frac{a \cdot h_0}{\sqrt{\pi}} \cdot \frac{1}{a} \cdot \int_{-ar}^{+ar} e^{-h_0^2 \cdot z^2} \cdot dz$$

$$= \frac{h_0}{\sqrt{\pi}} \cdot \int_{-ar}^{+ar} e^{-h_0^2 \cdot z^2} \cdot dz \, .$$

Das heißt, es ist für jedes $h = a \cdot h_0$

$$W(r) = W_0(a \cdot r). \tag{9}$$

Arbeitet man an Stelle des Genauigkeitsmaßes h lieber mit der davon abhängigen mittleren Streuung s, so erhält man für jedes

$$h = \frac{h_0}{s}$$

$$W(r) = W_0\left(\frac{r}{s}\right). \tag{10}$$

Die den Tabellen 2 und 3 zugrundeliegende, zu $h_0 = \dfrac{1}{2} \cdot \sqrt{2}$ gehörige

Streuung s_0 besitzt wegen $s = \dfrac{1}{h \cdot \sqrt{2}}$ den Wert 1.

Beispiele:

1. Eine Maschine stellt Bolzen her, deren Stärke laufend überwacht wird. Dabei ergibt sich ein Mittelwert $M = 17{,}45$ mm und eine mittlere Streuung (vergl. § 10) $s = 0{,}25$ mm. Gesucht wird die Wahrscheinlichkeit dafür, daß die Stärke eines wahllos herausgegriffenen Bolzens zwischen 17,05 mm und 17,85 mm liegt, daß seine Abweichung vom Mittelwert also nicht größer als 0,40 mm ist.
Auf Grund der mittleren Streuung $s = 0{,}25$ erhalten wir für die vorliegende Verteilung das Genauigkeitsmaß

$$h = 2 \cdot \sqrt{2} \, .$$

In der Tabelle 3 für $W_0(r)$ ist $h_0 = \dfrac{1}{2} \cdot \sqrt{2}$ zugrundegelegt. Deshalb ist $h = 4 \cdot h_0$,

also $a = 4$. Wir haben $W(0{,}4)$ zu ermitteln. Nach Formel (9) ist

$$W(0{,}4) \qquad W_0(4 \cdot 0{,}4).$$

Für $W_0(1,6)$ finden wir in der Tabelle 3 den Wert 0,8904. Unter 10000 Bolzen werden daher etwa 8904 die genannte Abweichung einhalten.

2. Ein kluger Kunde stellt fest, daß die Brötchen, die er regelmäßig bei einem Bäcker bezieht, häufig das gesetzlich vorgeschriebene Mindestgewicht unterschreiten. Auf seine Beschwerde verspricht der Bäcker Abhilfe. Tatsächlich erhält der Kunde von diesem Augenblick an keine Brötchen mit Untergewicht mehr. Trotzdem sagt er dem Bäcker auf den Kopf zu, daß er an seinem Herstellungsverfahren nicht das geringste geändert habe, daß also andere Kunden weiterhin Brötchen mit Untergewicht erhalten haben müssen.

Woher weiß der Kunde das?

Der Kunde hatte auf längere Zeit das Gewicht eines jeden Brötchens genau bestimmt und dabei festgestellt, daß das Gewicht der Brötchen um einen Mittelwert herum schwankte. Brötchen vom ungefähren Gewicht des Mittelwertes kamen am häufigsten vor, das Gewicht der anderen Brötchen fiel nach oben und unten etwa nach der *Gauß*schen Verteilung ab. Nach der Beschwerde war die Verteilung gestört. Der Bäcker hatte die für diesen Kunden bestimmten Brötchen gewogen und die mit Untergewicht nachträglich ausgeschieden. Dadurch brach die Verteilung nach unten ab, der Mittelwert lag jetzt wesentlich höher als die maximale Häufigkeit.

Übungsaufgaben:

1. Beweise die Identität der Formeln (6) und (7).
2. Beweise die Richtigkeit der Formel (10) unmittelbar, indem Du in der Formel (6) an Stelle von h den Ausdruck $\dfrac{1}{s \cdot \sqrt{2}}$ setzst und dann die Substitution $z = \dfrac{x}{s}$ durchführst.

§ 10. Fehlerrechnung

1. Unter dem Fehler einer Messung versteht man die Abweichung des gemessenen von dem wahren Wert einer Größe.
Ist x der wahre Wert einer physikalischen Größe und sind

$$x_1, x_2, x_3, x_4, \ldots, x_n$$

ihre gemessenen Werte, so nennt man für jedes $i = 1, 2, 3, \ldots, n$

$$\varepsilon_i = x_i - x \qquad \text{den absoluten Fehler,} \qquad (11)$$

$$\delta_i = \frac{x_i - x}{x} \qquad \text{den relativen Fehler und} \qquad (12)$$

$$\delta_i' = 100 \cdot \delta_i \qquad \text{den prozentualen Fehler.} \qquad (13)$$

Ein Maß für die Bedeutung des einzelnen Fehlers geben nur der relative und der prozentuale Fehler, denn ein absoluter Fehler von 0,1 p wird beispielsweise bei der Gewichtsbestimmung einer Fliege eine sehr große, beim Gewicht eines Elefanten dagegen nur eine verschwindend kleine Rolle spielen.

2. Bei jeder Messung haben wir jedoch grundsätzlich zwischen 3 Fehlerarten zu unterscheiden:

a) unvermeidliche Fehler,
b) systematische Fehler,
c) zufällige Fehler.

Zu a): Der unvermeidliche Fehler liegt bereits in der Tatsache, daß jeder gemessene Wert nur mit einer bestimmten, jedenfalls begrenzten Genauigkeit angebbar ist. So bedeutet zum Beispiel das Ergebnis einer Längenmessung

$$a = 17,3 \, \text{cm},$$

daß hier auf 0,1 cm genau gemessen wurde. Man weiß also nur, daß die Messung einen Wert geliefert hat, der zwischen 17,25 cm und 17,35 cm liegt. Will man zum Ausdruck bringen, daß bei demselben Wert auf 0,01 cm genau gemessen wurde, so hat man $a = 17,30$ cm zu schreiben. Dann weiß man, daß die Messung zu einem Wert zwischen 17,295 cm und 17,305 cm geführt hat.
Die Anzahl der von Null verschiedenen Ziffern ist daher ein ungefähres Maß für die Genauigkeit einer Messung; Nullen innerhalb der Ziffernfolge sind dabei mitzuzählen, ebenso die Nullen, die am Ende

einer Dezimalzahl stehen und nicht als Füllnullen angesehen werden können. Die Stellung des Komma bezw. die Anzahl der hinter dem Komma stehenden Ziffern ist ohne Einfluß auf die Genauigkeit, sie hängt nur von der gewählten Einheit ab.

Zum Beispiel ist 65,205 cm mit größerer Genauigkeit gemessen als 65,2 cm, nicht aber genauer als 652,05 mm. Ein exaktes Maß für die Genauigkeit geben der relative und der prozentuale Fehler. Bedenkt man, daß die Messung 65,2 cm eine Schwankung der Größe zwischen 65,15 cm und 65,25 cm, also eine Abweichung nach unten und oben um 0,05 cm zuläßt, so erkennt man, daß der prozentuale unvermeidliche Fehler einer mit 3 Ziffern angegebenen Messung je nach Größe der ersten Ziffer zwischen 0,05 % und 0,5 % liegen muß, der prozentuale Fehler einer vierziffrigen Zahl zwischen 0,005 % und 0,05 %, der einer zweiziffrigen Zahl zwischen 0,5 % und 5 % und so weiter.

Dies darf nicht übersehen werden, wenn man mit gemessenen Größen rechnet. Bei Multiplikationen kann sich die Ziffernzahl beispielsweise wesentlich erhöhen. Es ist jedoch undenkbar, daß das Ergebnis eine größere Genauigkeit aufweist als die Ausgangsgrößen. Die sich durch Rechnung ergebenden überzähligen Ziffern sind somit nicht nur überflüssig, sondern sinnlos, weil sie mit Sicherheit falsch sind. Dies wollte *Gauß* zum Ausdruck bringen, wenn er sagte, daß sich in nichts der Mangel an mathematischer Bildung besser zeige als in sinnlos und übertrieben genauem Zahlenrechnen. Die logarithmische Rechnung hat unter anderem den Vorteil, daß sie eo ipso dafür sorgt, daß das Ergebnis nicht übertrieben genau wird.

Zu b): Ein systematischer Fehler eines Meßwertes liegt vor, wenn ein Instrument falsch geeicht ist oder wenn er durch physikalisch nicht einwandfreie Versuchsbedingungen entstanden ist. Systematische Fehler können durch Erhöhung der Häufigkeit der Messung nicht korrigiert werden und bleiben daher bei allen statistischen Überlegungen außer Betracht.

Zu c): Nach Ausschaltung systematischer Fehler oder Irrtümer wird jedoch jede Messung mehr oder weniger durch mannigfaltige Umstände, die grundsätzlich nicht übersehbar sind oder dem Zufall unterliegen, beeinträchtigt. Auf diese Weise zustande gekommene Fehler nennt man zufällige Fehler. Nur auf diese können sich statistische Überlegungen beziehen, denn nur darauf ist die Wahrscheinlichkeitsrechnung anwendbar.

Umgekehrt kann durch statistische und wahrscheinlichkeitstheoretische Schlußfolgerungen festgestellt werden, ob die Fehler tatsächlich nur durch zufällige Umstände zustande gekommen oder ob sie „gerichtet" sind, das heißt, ob sich hinter ihnen ein systematischer Fehler verbirgt.

3. Definition 26:

> Bilden wir den Mittelwert M der n Messungen $x_1, x_2. x_3, \ldots, x_n$
>
> $$M = \frac{\sum\limits_{i=1}^{n} x_i}{n},$$
>
> so nennen wir die Differenzen zwischen den einzelnen Messungen und dem Mittelwert die **scheinbaren Fehler**
>
> $$\Delta_i = x_i - M \qquad (i = 1, 2, 3, \ldots, n)$$

Selbstverständlich ist stets $\sum\limits_{i=1}^{n} \Delta_i = 0$, denn

$$\sum_{i=1}^{n} \Delta_i = \sum_{i=1}^{n} x_i - n \cdot M.$$

Für jede Messung gilt

$$x + \varepsilon_i = M + \Delta_i$$

oder

$$\varepsilon_i = (M - x) + \Delta_i.$$

Deshalb ist

$$\sum_{i=1}^{n} \varepsilon_i = n \cdot (M - x)$$

oder

$$M - x = \frac{\sum\limits_{i=1}^{n} \varepsilon_i}{n}. \tag{14}$$

Das heißt:

Lehrsatz 31:

> **Der Unterschied zwischen dem Mittelwert und dem wahren Wert einer gemessenen Größe ist dem Mittelwert der absoluten Fehler gleich.**

Unter dem „absoluten Fehler" ist hier der oben definierte Ausdruck $x_i - x$ zu verstehen, der positives oder negatives Vorzeichen haben kann. Keinesfalls ist der absolute Betrag der Fehler gemeint.

4. Definition 27:

Als **mittlere quadratische Abweichung** oder **Standardabweichung** bezeichnen wir den Mittelwert der Quadrate der absoluten Fehler:

$$\sigma^2 = \frac{\sum\limits_{i=1}^{n} \varepsilon_i^2}{n}.$$

Die Quadratwurzel aus diesem Ausdruck nennen wir **Streuung** oder **mittleren Fehler** der Messungen:

$$\sigma = \sqrt{\frac{\sum\limits_{i=1}^{n} \varepsilon_i^2}{n}}.$$

Will man die mittlere quadratische Abweichung beziehungsweise die Streuung praktisch bestimmen, so muß man sie durch die scheinbaren Fehler ausdrücken. Denn da der wahre Wert der gemessenen Größe nicht bekannt ist, kennt man auch nicht die absoluten Fehler. Aus

$$\varepsilon_i = (M - x) + \Delta_i \text{ folgt wegen } \sum_{i=1}^{n} \Delta_i = 0$$

$$\sum_{i=1}^{n} \varepsilon_i^2 = n \cdot (M - x)^2 + \sum_{i=1}^{n} \Delta_i^2. \tag{15}$$

Setzen wir den oben (Lehrsatz 31) für $M - x$ gefundenen Wert ein, so erhalten wir

$$\sum_{i=1}^{n} \varepsilon_i^2 = \frac{\left(\sum\limits_{i=1}^{n} \varepsilon_i\right)^2}{n} + \sum_{i=1}^{n} \Delta_i^2 \tag{16}$$

Der sich beim Quadrieren ergebende Summand $\sum\limits_{i \neq k} \varepsilon_i \cdot \varepsilon_k$ kann vernachlässigt werden, weil die ε_i von annähernd gleicher Größe sind und wechselndes Vorzeichen besitzen. Deshalb darf man in erster Näherung

$$\sum_{i=1}^{n} \varepsilon_i^2 \quad \text{für} \quad \left(\sum_{i=1}^{n} \varepsilon_i\right)^2$$

setzen und erhält

$$\sum_{i=1}^{n} \varepsilon_i^2 = \frac{\sum_{i=1}^{n} \varepsilon_i}{n} + \sum_{i=1}^{n} \Delta_i^2, \tag{17}$$

also

$$\frac{n-1}{n} \cdot \sum_{i=1}^{n} \varepsilon_i^2 = \sum_{i=1}^{n} \Delta_i^2 \tag{18}$$

und hat damit bewiesen:

Lehrsatz 32:

Mit guter Annäherung gilt für die mittlere quadratische Abweichung

$$\sigma^2 = \frac{\sum_{i=1}^{n} \varepsilon_i^2}{n} = \frac{Q}{n-1}$$

und für die Streuung

$$\sigma = \sqrt{\frac{Q}{n-1}},$$

wobei Q die Summe der Quadrate der scheinbaren Fehler

$$Q = \sum_{i=1}^{n} \Delta_i^2$$

bedeutet.

5. Sucht man diejenige Zahl σ', von der man behaupten kann, der wirkliche Fehler sei mit gleicher Wahrscheinlichkeit größer oder kleiner als diese, so gelangt man zu dem Begriff des „wahrscheinlichen Fehlers".

Für die Gesamtwahrscheinlichkeit $W(\sigma')$, die demnach den Wert $\frac{1}{2}$ erhalten muß, gilt nach § 9

$$W(\sigma') = W_0\left(\frac{\sigma'}{s}\right).$$

Setzen wir nun unsere Streuung σ der mittleren Streuung s der *Gauß*schen Verteilung gleich, so muß $W_0\left(\frac{\sigma'}{\sigma}\right)$ den Wert 0,5 besitzen. In der Tabelle

3 beziehungsweise in einer genaueren Tafel für die Funktion $W_0(r)$ finden wir

$$W_0(0{,}674\,49) = 0{,}5\,. \tag{19}$$

Deshalb ist $\dfrac{\sigma'}{\sigma} = 0{,}674\,49$.

Der wahrscheinliche Fehler σ' geht aus dem mittleren Fehler (der Streuung) σ durch Multiplikation mit dem Faktor 0,674 49 hervor.

$$\sigma' = 0{,}674\,49 \cdot \sigma\,. \tag{20}$$

Nach Lehrsatz 31 ist der absolute Fehler des Mittelwertes ebenso groß wie der Mittelwert der absoluten Fehler der Einzelmessungen. Da die absoluten Fehler wechselndes Vorzeichen haben, werden sie sich gegenseitig mehr oder weniger kompensieren, so daß der Fehler des Mittelwertes in etwa umgekehrt proportional zu der Anzahl der Messungen ist. Je größer die Zahl n, desto geringer der Fehler des Mittelwertes, vorausgesetzt, daß die Fehler wirklich dem Zufall unterliegen.

Es ist daher sinnvoll, den mittleren Fehler σ_M des Mittelwertes als die Größe zu definieren, die man erhält, wenn man den mittleren Fehler der einzelnen Messung (die Streuung) durch die Quadratwurzel aus der Anzahl der Versuche dividiert.

$$\sigma_M = \frac{\sigma}{\sqrt{n}} = \sqrt{\frac{Q}{n(n-1)}}\,. \tag{21}$$

Entsprechend ergibt sich für den wahrscheinlichen Fehler des Mittelwertes

$$\sigma'_M = 0{,}674\,49 \cdot \sqrt{\frac{Q}{n(n-1)}}\,. \tag{22}$$

Mit wachsendem n werden daher mittlerer und wahrscheinlicher Fehler des Mittelwertes kleiner; die daraus resultierende Zunahme der Zuverlässigkeit des gefundenen Mittelwertes verlangsamt sich jedoch, wenn n sehr groß wird.

Anmerkung für die Praxis der Berechnung:

Die Berechnung der hier und im Lehrsatz 32 vorkommenden Quadratsumme Q der scheinbaren Fehler ist zeitraubend und erschwert deshalb die Berechnung des mittleren und wahrscheinlichen Fehlers. Nach *Cornu* kann man σ und σ_0 durch

$$\sigma^* = \delta \cdot \sqrt{\frac{\pi}{2}} \tag{23}$$

und

$$\sigma_0^* = \delta \cdot \sqrt{\frac{\pi}{2n}} \quad \text{ersetzen,} \qquad (24)$$

wobei

$$\delta = \frac{\sum\limits_{i=1}^{n} |\Delta_i|}{n} \qquad (25)$$

der Mittelwert der absoluten Beträge der scheinbaren Fehler ist. Die Annäherung von σ^* an σ und von σ_0^* an σ_0 ist umso besser, je weniger die Zufälligkeit der Meßreihe beeinträchtigt ist; sie gibt daher umgekehrt einen unter Umständen wertvollen Hinweis auf eventuell versteckte systematische Fehler. Die Tabelle 4 des Anhangs enthält die ausgerechneten Faktoren $\sqrt{\dfrac{\pi}{2n}}$ sowie deren Logarithmen, mit deren Hilfe die Größen σ^* und σ_0^* auf einfache Weise berechnet werden können.

6. Es läßt sich leicht zeigen, daß der arithmetische Mittelwert einer gewissen Anzahl von Meßergebnissen derjenige ist, für den die Summe der Quadrate der Abweichungen sämtlicher Werte den kleinstmöglichen Wert annimmt. Eine Verallgemeinerung dieser Tatsache bildet den Kern der *Gauß*schen „Methode der kleinsten Quadrate".

Liegt eine umfangreiche Meßreihe von Werten vor, die sich nicht auf eine einzige konstante Größe beziehen, sondern auf mehrere Größen, die durch ein physikalisches Gesetz

$$y = f(x)$$

aneinander gekoppelt sind, und sollen diejenigen Größen $u, v, w, \ldots$ festgestellt werden, die in dem zugrunde liegenden physikalischen Gesetz als Konstanten enthalten sind, so sind die wahrscheinlichsten Werte dieser Konstanten nach *Gauß* diejenigen, für die die Summe der Quadrate der Abweichungen

$$Q = \sum_{i=1}^{n} \left(y_i - f(x_i) \right)^2 \qquad (26)$$

ein Minimum wird. Hierin sind die x_i und die y_i die gemessenen, physikalisch voneinander abhängigen Größen. Die gesuchten Konstanten $u, v, w, \ldots$ werden bei der *Gauß*schen Methode dadurch bestimmt, daß man sie zunächst als variabel ansieht und sämtliche partiellen Ableitungen der damit zu einer Funktion gewordenen Größe $Q(v, u, w, \ldots)$ nach $u, v, w, \ldots$ gleich Null setzt.

$$\frac{\partial Q(u, v, w, \ldots)}{\partial u} = 0;$$

$$\frac{\partial Q(u, v, w, \ldots)}{\partial v} = 0;$$

$$\frac{\partial Q(u, v, w, \ldots)}{\partial w} = 0, \ldots \tag{27}$$

Die Durchführung der Methode der kleinsten Quadrate ist schon bei verhältnismäßig einfachen Beispielen recht umfangreich.

7. Will man die Verteilung einer Beobachtungsreihe mit der Normalverteilung (nach *Gauß*) vergleichen so ist folgende Überlegung von Wert. Wir setzen nach *Lexis* das Quadrat des empirisch gefundenen Wertes der Streuung (die mittlere quadratische Abweichung)

$$\sigma^2 = \frac{\sum\limits_{i=1}^{n} \Delta_i^2}{n-1} \tag{28}$$

mit dem Quadrat des theoretischen Wertes der mittleren Streuung

$$s^2 = n \cdot w \, |\overline{w}|$$

in Beziehung und definieren

Definition 28:

Unter der **Lexis**schen Zahl L verstehen wir den Ausdruck

$$L = \frac{\sigma^2}{s^2} = \frac{\sum\limits_{i=1}^{u} \Delta_i^2}{n \cdot (n-1) \cdot w \cdot \overline{w}} \, .$$

Sie ist ein Maß für das Verhältnis von tatsächlicher Streuung zu der Streuung bei normaler Verteilung. Wir sprechen bei

$L \approx 1$ von normaler, bei

$L \gg 1$ von übernormaler und bei

$L \ll 1$ von unternormaler Dispersion.

Beispiele:

1. Im Laufe einer quantitativen chemischen Analyse wird das Gewicht einer abgeschiedenen Kupfermenge bestimmt. Bei achtmaliger Durchführung des Versuchs werden folgende Werte gemessen:
0,149 p; 0,131 p; 0,146 p; 0,145 p; 0,136 p; 0,146 p; 0,151 p; 0,132 p.
Für die oben erwähnten Größen erhalten wir:

Mittelwert $\qquad M = 0,142$ p

Scheinbare Fehler Δ_i: $+0,007$ p; $-0,011$ p; $+0,004$ p; $+0,003$ p;
$\qquad -0,006$ p; $+0,004$ p; $+0,009$ p; $-0,010$ p

Mittelwert der absoluten Beträge der scheinbaren Fehler $\delta = 0,006\,75$ p

Mittlere quadratische Abweichung $\qquad Q = 0,000\,42\mathrm{B}$

Streuung oder mittlerer Fehler der Einzelmessung $\qquad \sigma = 0,007\,8$

Wahrscheinlicher Fehler der Einzelmessung $\qquad \sigma' = 0,005\,3$

Mittlerer Fehler des Mittelwertes $\qquad \sigma_0 = 0,002\,8$

Wahrscheinlicher Fehler des Mittelwertes $\qquad \sigma_0' = 0,001\,9$

Als Näherungswerte, die mit Hilfe der Formel von *Cornu* und der Tafel 4 berechnet werden, erhält man

$$\sigma^* = 0,008\,5 \quad \text{und} \quad \sigma_0^* = 0,003\,0.$$

Der Unterschied zwischen den Werten für σ und σ_0 einerseits und den Werten für σ^* und σ_0^* andererseits ist im Hinblick auf die verhältnismäßig geringe Zahl von Beobachtungen zu klein, um daraus mit Sicherheit auf einen systematischen Fehler schließen zu können.
Nehmen wir den gefundenen Mittelwert zur Übung als den wahren Wert an, so werden die scheinbaren Fehler zu absoluten Fehlern. Die relativen und prozentualen Fehler wären dann folgende:

Messung i	Meßwert x_i	absoluter Fehler ε_i	relativer Fehler δ_i	prozentualer Fehler δ_i'
1	0,149 p	$+0,007$ p	$+0,0493$	$+4,93\%$
2	0,131 p	$-0,011$ p	$-0,0775$	$-7,75\%$
3	0,146 p	$+0,004$ p	$+0,0282$	$+2,82\%$
4	0,145 p	$+0,003$ p	$+0,0211$	$+2,11\%$
5	0,136 p	$-0,006$ p	$-0,0423$	$-4,23\%$
6	0,146 p	$+0,004$ p	$+0,0282$	$+2,82\%$
7	0,151 p	$+0,009$ p	$+0,0634$	$+6,34\%$
8	0,132 p	$-0,010$ p	$-0,0704$	$-7,04\%$

2. Die Anwendung der Fehlerrechnung ist nicht auf Reihen von Messungen beschränkt, sondern kann ebenso auf alle möglichen in großem Umfang vorliegenden Zahlenreihen ausgedehnt werden, wenn die zwischen ihnen bestehenden Abweichungen dem Zufall unterliegen. Von großer Bedeutung sind die Ergebnisse der Fehlerrechnung daher für alle Arten der Großzahlforschung, insbesondere für die technischen Daten großer Fertigungsserien.

Teilt man die um einen gewissen Bereich streuenden Werte einer Fertigungsserie in möglichst kleine Teilbereiche der Abweichung ein und bestimmt man für jeden Bereich die relativen Häufigkeiten, so werden diese bei reinen Zufallsergebnissen den Wahrscheinlichkeitswerten der *Gauß*schen Verteilungsfunktion entsprechen. Aus dem Wert der maximalen Wahrscheinlichkeit und der bekannten Versuchszahl n (Stückzahl der Fertigung) kann man auf Grund der Beziehung

$$g(0) = \frac{1}{\sqrt{2\pi \cdot n \cdot w \cdot \overline{w}}} \qquad (29)$$

den Wert der Grundwahrscheinlichkeit berechnen. Für die Praxis ist diese im allgemeinen jedoch uninteressant. Viel wichtiger ist der auf diese Weise ebenfalls zu ermittelnde Wert der mittleren Streuung

$$s = \sqrt{n \cdot w \cdot \overline{w}} = \frac{1}{g(0) \cdot \sqrt{2\pi}} \cdot \qquad (30)$$

Stellt beispielsweise eine Maschine Zylinder her, deren Durchmesser Schwankungen um den Mittelwert herum aufweist, so kann man diese Abweichungen vom Mittelwert nach Hundertstel Millimetern sortieren. Die Stückzahlen in den einzelnen Abweichungsbereichen seien

Abweichung	−10	−9	−8	−7	−6	−5	−4	−3	−2	−1	−0	+1	+2	+3	+4	+5	+6	+7	+8	+9	+10
Stückzahl	1	3	5	2	9	5	7	7	13	12	22	18	16	17	8	10	15	13	8	5	4

Für die Grundwahrscheinlichkeit und die mittlere Streuung ergibt sich

$$w = 0{,}93 \quad \text{und} \quad s = 3{,}61 \,.$$

Ferner erhält man für die mittlere quadratische Abweichung

$$\sigma^2 = 22{,}89 \,.$$

Die Werte $\sigma = 4{,}78$ und $\sigma^* = 4{,}82$ stimmen nahezu überein. Die Dispersion ist jedoch leicht übernormal, denn wir erhalten

$$L = \frac{\sigma^2}{s^2} = \frac{22{,}89}{13{,}02} = 1{,}76 \,.$$

Übungsaufgaben:

1. Kreuzt man grüne und gelbe Erbsen zu gleichen Teilen, so erhält man nach den *Mendel*schen Gesetzen (vergl. Beiheft 7, § 11) beide Sorten im Verhältnis 3:1.

Die Versuchsergebnisse von vier Forschern waren:

	Gelbe Erbsen	Grüne Erbsen	Summe
Mendel	6022	2001	8023
Bateson	11903	3903	15806
Tschermak	3580	1190	4770
Lock	1438	514	1952

Berechne die absoluten, relativen und prozentualen Fehler gegenüber den theoretischen Werten.

2. Die Niederschlagsmengen an vier verschiedenen Tagen wurden stündlich gemessen.

	9^h	10^h	11^h	12^h	13^h	14^h	15^h	16^h	17^h	18^h	19^h	20^h	21^h	Summe
A	0	0	0	0	0	4	8	5	0	1	0	0	0	18 mm
B	0	0	0	2	2	3	3	1	3	3	0	0	0	17 mm
C	3	0	0	2	0	0	1	1	0	4	0	1	0	12 mm
D	0	0	1	1	2	1	2	1	0	2	0	1	1	12 mm

Beurteile die Verteilung und das Wetter.

3. Die Verteilung der Schülerzahlen zweier Schulen nach Alter, Gewicht und Körpergröße gibt folgendes Bild:

Alter in Jahren	bis 14	14−15	15−16	16−17	17−18	18−19	19−20	20−21	üb. 21
Schule *A*	5	31	45	52	58	39	32	18	4
Schule *B*	9	41	55	62	35	29	17	6	—

Gewicht in kp	bis 35	35−40	40−45	45−50	50−55	55−60	60−65	65−70	üb. 70
Schule *A*	5	17	35	60	58	45	30	21	13
Schule *B*	7	20	37	63	64	33	12	12	6

Größe in cm	bis 145	145−150	150−155	155−160	160−165	165−170	170−175	175−180	über 180
Schule *A*	8	15	29	49	45	52	49	26	20
Schule *B*	9	17	35	39	45	38	42	17	12

a) Berechne Durchschnittsalter, -gewicht und -größe für *A* und *B*.
b) Berechne die Streuung in allen Fällen.
c) Vergleiche beide Schulen miteinander.

4. Ein Kilogramm Bohnen wurden der Länge nach geordnet.

Länge in mm	17/18	18/19	19/20	20/21	21/22	22/23	23/24	24/25	25/26	26/27
Anzahl	7	21	23	53	69	85	75	72	56	39

27/28	28/29	29/30	30/31	31/32	32/33
39	25	21	4	4	1

Berechne Mittelwert und Streuung; beurteile die Verteilung.

5. 60536 Erbsenhülsen wurden nach Samenzahlen sortiert:

Samenzahl	1	2	3	4	5	6	7	8	9	10
Anzahl	3792	8567	12150	12742	10388	7083	4225	1473	115	1

Berechne Mittelwert und Streuung; beurteile die Verteilung.

6. Führe ähnliche Berechnungen an anderen statistischen Veröffentlichungen oder an selbst durchgeführten Beobachtungen und Messungen verschiedener Art durch.

Tabelle 1

Auszug aus einer Sterbetafel

Hierin bedeuten: x Lebensalter in Jahren; l_x Lebende des Alters x; d_x Anzahl der von l_x im Laufe eines Jahres Verstorbenen

x	l_x	d_x	x	l_x	d_x	x	l_x	d_x
0	100 000	11 538	35	78 111	332	70	41 906	2 434
1	88 462	1 432	36	77 779	346	71	39 472	2 524
2	87 030	553	37	77 433	360	72	36 948	2 500
3	86 477	350	38	77 073	372	73	34 348	2 551
4	86 127	272	39	76 701	388	74	31 697	2 599
5	85 855	208	40	76 313	408	75	28 998	2 723
6	85 647	170	41	75 905	432	76	26 275	2 586
7	85 477	147	42	75 473	457	77	23 589	2 500
8	85 330	133	43	75 016	480	78	20 989	2 510
9	85 197	127	44	74 536	504	79	18 479	2 413
10	85 070	120	45	74 032	536	80	16 066	2 281
11	84 950	113	46	73 496	569	81	13 785	2 121
12	84 837	111	47	72 927	601	82	11 664	1 952
13	84 726	119	48	72 326	638	83	9 712	1 771
14	84 607	138	49	71 688	682	84	7 941	1 570
15	84 469	163	50	71 006	732	85	6 371	1 356
16	84 306	196	51	70 274	777	86	5 015	1 143
17	84 110	236	52	69 497	827	87	3 872	942
18	83 874	282	53	68 670	890	88	2 930	748
19	83 592	324	54	67 780	962	89	2 182	583
20	83 268	356	55	66 818	1 034	90	1 599	455
21	82 912	373	56	65 784	1 106	91	1 144	343
22	82 539	377	57	64 678	1 183	92	801	252
23	82 162	370	58	63 495	1 263	93	549	181
24	81 792	363	59	62 232	1 349	94	368	127
25	81 429	357	60	60 883	1 439	95	241	87
26	81 072	351	61	59 444	1 530	96	154	57
27	80 721	341	62	57 914	1 629	97	97	38
28	80 380	331	63	56 285	1 732	98	59	24
29	80 049	323	64	54 553	1 838	99	35	15
30	79 726	322	65	52 715	1 946	100	20	20
31	79 404	324	66	50 769	2 064			
32	79 080	322	67	48 705	2 178			
33	78 758	322	68	46 527	2 271			
34	78 436	325	69	44 256	2 350			
35	78 111	332	70	41 906	2 434			

Tabelle 2

*Gauß*sche Verteilung $g(x) = \dfrac{h}{\sqrt{\pi}} \cdot e^{-h^2 x^2}$ für $h = \dfrac{1}{2} \cdot \sqrt{2}$ (Wahrscheinlichkeitsdichte)

x	$g(x)$	x	$g(x)$	x	$g(x)$
0,0	0,398 942	±2,0	0,053 991	±4,0	0,000 133 83
±0,1	0,396 953	±2,1	0,043 984	±4,1	0,000 089 261
±0,2	0,391 043	±2,2	0,035 475	±4,2	0,000 058 943
±0,3	0,381 388	±2,3	0,028 327	±4,3	0,000 038 535
±0,4	0,368 270	±2,4	0,022 394	±4,4	0,000 024 942
±0,5	0,352 065	±2,5	0,017 528	±4,5	0,000 015 984
±0,6	0,333 225	±2,6	0,013 583	±4,6	0,000 010 141
±0,7	0,312 254	±2,7	0,010 421	±4,7	0,000 006 369 8
±0,8	0,289 692	±2,8	0,007 915 4	±4,8	0,000 003 961 3
±0,9	0,266 085	±2,9	0,005 952 5	±4,9	0,000 002 439 0
±1,0	0,241 971	±3,0	0,004 431 8	±5,0	0,000 001 486 7
±1,1	0,217 852	±3,1	0,003 266 8	±5,1	0,000 000 897 24
±1,2	0,194 186	±3,2	0,002 384 1	±5,2	0,000 000 536 10
±1,3	0,171 369	±3,3	0,001 722 6	±5,3	0,000 000 317 13
±1,4	0,149 727	±3,4	0,001 232 2	±5,4	0,000 000 185 74
±1,5	0,129 518	±3,5	0,000 872 68	±5,5	0,000 000 107 70
±1,6	0,110 921	±3,6	0,000 611 90	±5,6	0,000 000 061 826
±1,7	0,094 049	±3,7	0,000 424 78	±5,7	0,000 000 035 140
±1,8	0,078 950	±3,8	0,000 291 95	±5,8	0,000 000 019 773
±1,9	0,065 616	±3,9	0,000 198 66	±5,9	0,000 000 011 016
±2,0	0,053 991	±4,0	0,000 133 83	±6,0	0,000 000 006 075 9

Tabelle 3

*Gauß—Laplace*sche Integralformel $W(r) = \dfrac{h}{\sqrt{\pi}} \cdot \displaystyle\int_{-r}^{+r} e^{-h^2 x^2} \cdot dx$ für $h = \dfrac{1}{2} \cdot \sqrt{2}$

(Gesamtwahrscheinlichkeit)

r	$W(r)$	r	$W(r)$	r	$W(r)$	r	$W(r)$
0,0	0,0000	1,0	0,6827	2,0	0,9545	3,0	0,9973
0,1	0,0797	1,1	0,7287	2,1	0,9643	3,1	0,9971
0,2	0,1585	1,2	0,7699	2,2	0,9722	3,2	0,9986
0,3	0,2358	1,3	0,8064	2,3	0,9786	3,3	0,9990
0,4	0,3108	1,4	0,8385	2,4	0,9836	3,4	0,9993
0,5	0,3829	1,5	0,8664	2,5	0,9876	3,5	0,9995
0,6	0,4515	1,6	0,8904	2,6	0,9907	3,6	0,9997
0,7	0,5161	1,7	0,9109	2,7	0,9931	3,7	0,9998
0,8	0,5763	1,8	0,9281	2,8	0,9949	3,8	0,9999
0,9	0,6319	1,9	0,9426	2,9	0,9963	3,9	0,9999
1,0	0,6827	2,0	0,9545	3,0	0,9973	4,0	0,9999

Tabelle 4

Werte der Faktoren $\sqrt{\dfrac{\pi}{2n}}$ und ihre Logarithmen

n	$\sqrt{\dfrac{\pi}{2n}}$	$\log \sqrt{\dfrac{\pi}{2n}}$	n	$\sqrt{\dfrac{\pi}{2n}}$	$\log \sqrt{\dfrac{\pi}{2n}}$
1	1,253 31	0,098 060	46	0,184 79	9,266 681
2	0,886 23	9,947 545	47	0,182 81	9,262 011
3	0,723 60	9,859,499	48	0,180 90	9,257 439
4	0,626 66	9,797 030	49	0,179 04	9,252 962
5	0,560 50	9,748 575	50	0,177 25	9,248 575
6	0,511 66	9,708 984	51	0,175 50	9,244 275
7	0,473 71	9,675 511	52	0,173 80	9,240 058
8	0,443 11	9,646 515	53	0,172 16	9,235 922
9	0,417 77	9,620 939	54	0,170 55	9,231 863
10	0,396 33	9,598 060	55	0,169 00	9,227 879
11	0,377 89	9,577 364	56	0,167 48	9,223 966
12	0,361 80	9,558 469	57	0,166 01	9,220 123
13	0,347 61	9,541 088	58	0,164 57	9,216 346
14	0,334 96	9,524 996	59	0,163 17	9,212 634
15	0,323 60	9,510 014	60	0,161 80	9,208 984
16	0,313 33	9,496 000	61	0,160 47	9,205 395
17	0,303 97	9,482 835	62	0,159 17	9,201 864
18	0,295 41	9,470 424	63	0,157 90	9,198 390
19	0,287 53	9,458 683	64	0,156 66	9,194 970
20	0,280 25	9,447 545	65	0,155 45	9,191 603
21	0,273 50	9,436 950	66	0,154 27	9,188 288
22	0,267 21	9,426 849	67	0,153 12	9,185 023
23	0,261 33	9,417 196	68	0,151 99	9,181 805
24	0,255 83	9,407 954	69	0,150 88	9,178 635
25	0,250 66	9,399 090	70	0,149 80	9,175 511
26	0,245 80	9,390 573	71	0,148 74	9,172 431
27	0,241 20	9,382 378	72	0,147 70	9,169 394
28	0,236 85	9,374 481	73	0,146 69	9,166 399
29	0,232 73	9,366 861	74	0,145 69	9,163 444
30	0,228 82	9,359 499	75	0,144 72	9,160 529
31	0,225 10	9,352 379	76	0,143 76	9,157 653
32	0,221 56	9,345 485	77	0,142 83	9,154 815
33	0,218 17	9,338 803	78	0,141 91	9,152 013
34	0,214 94	9,332 320	79	0,141 01	9,149 245
35	0,211 85	9,326 026	80	0,140 12	9,146 515
36	0,208 89	9,319 909	81	0,139 26	9,143 817
37	0,206 04	9,313 959	82	0,138 41	9,141 153
38	0,203 31	9,308 168	83	0,137 57	9,138 521
39	0,200 69	9,302 528	84	0,136 75	9,135 920
40	0,198 17	9,297 030	85	0,135 94	9,133 350
41	0,195 73	9,291 668	86	0,135 15	9,130 811
42	0,193 39	9,286 435	87	0,134 37	9,128 300
43	0,191 13	9,281 326	88	0,133 60	9,125 819
44	0,188 94	9,276 334	89	0,132 85	9,123 365
45	0,186 83	9,271 454	90	0,132 11	9,120 939

n	$\sqrt{\dfrac{\pi}{2n}}$	$\log\sqrt{\dfrac{\pi}{2n}}$	n	$\sqrt{\dfrac{\pi}{2n}}$	$\log\sqrt{\dfrac{\pi}{2n}}$
91	0,131 38	9,118 539	130	0,109 92	9,041 088
92	0,130 67	9,116 166	140	0,105 92	9,024 996
93	0,129 96	9,113 818	150	0,102 33	9,010 014
94	0,129 27	9,111 496	160	0,099 083	8,996 000
95	0,128 59	9,109 198	170	0,096 125	8,982 835
96	0,127 92	9,106 924	180	0,093 417	8,970 424
97	0,127 25	9,104 674	190	0,090 925	8,958 683
98	0,126 60	9,102 447	200	0,088 623	8,947 545
99	0,125 96	9,100 242	210	0,086 487	8,936 950
100	0,125 33	9,098 060	220	0,084 498	8,926 849
101	0,124 71	9,095 899	230	0,082 641	8,917 196
102	0,124 10	9,093 760	240	0,080 901	8,907 954
103	0,123 49	9,091 641	300	0,072 360	8,859 499
104	0,122 90	9,089 543	360	0,066 055	8,819 909
105	0,122 31	9,087 465	420	0,061 155	8,786 435
106	0,121 73	9,085 407	480	0,057 206	8,757 439
107	0,121 16	9,083 368	540	0,053 934	8,731 863
108	0,120 60	9,081 348	600	0,051 166	8,708 984
109	0,120 05	9,079 347	720	0,046 708	8,669 394
110	0,119 50	9,077 364	840	0,043 243	8,635 920
111	0,118 96	9,075 398	960	0,040 451	8,606 924
112	0,118 43	9,073 451	1080	0,038 137	8,581 348
113	0,117 90	9,071 521	1200	0,036 180	8,558 469
114	0,117 38	9,069 608	2400	0,025 583	8,407 954
115	0,116 87	9,067 711	3600	0,020 889	8,319 909
116	0,116 37	9,065 831	4800	0,018 090	8,257 439
117	0,115 87	9,063 967	6000	0,016 180	8,208 984
118	0,115 38	9,062 119	7200	0,014 770	8,169 394
119	0,114 89	9,060 286	8400	0,013 675	8,135 920
120	0,114 41	9,058 469	9600	0,012 792	8,106 924
			12000	0,011 441	8,058 469

Literatur

1. *Bangen—Stender*, Wahrscheinlichkeitsrechnung und mathematische Statistik; Frankfurt und Hamburg 1961
2. *Ackermann*, Einführung in die Wahrscheinlichkeitsrechnung; Leipzig 1955
3. *Dörge*, Wahrscheinlichkeitsrechnung für Nichtmathematiker; Berlin 1947
4. *Dubbel*, Taschenbuch für den Maschinenbau; Berlin 1935
5. *Gnedenko—Chintschin*, Elementare Einführung in die Wahrscheinlichkeitsrechnung; Berlin 1955
6. *Goldberg*, Probability, an introduction; New York 1960; deutsche Ausgabe unter dem Titel „Wahrscheinlichkeit"; Braunschweig 1964
7. *Hanxleden—Hentze*, Anwendungen der Infinitesimalrechnung; Braunschweig 1950
8. *Kamke*, Einführung in die Wahrscheinlichkeitsrechnung; Leipzig 1932
9. *Kamke*, Kritische Bemerkungen zu K. Marbe, Grundfragen der angewandten Wahrscheinlichkeitsrechnung und theoretischen Statistik (München 1934); Jahresbericht der Deutschen Mathematikervereinigung 45
10. *Marbe*, Naturphilosophische Betrachtungen zur Wahrscheinlichkeitslehre; München
11. *Marbe*, Die Gleichförmigkeit in der Welt; München
12. *v. Mises*, Wahrscheinlichkeitsrechnung; Leipzig und Wien 1931
13. *v. Mises*, Wahrscheinlichkeit, Statistik und Wahrheit; Wien 1951
14. *Wellnitz*, Über eine neue Fassung des Begriffs der mathematischen Wahrscheinlichkeit; Leipzig 1940
15. *Wellnitz*, Kombinatorik; Braunschweig 1961
16. *Wellnitz*, Klassische Wahrscheinlichkeitsrechnung; Braunschweig 1962

Namen- und Sachregister

Abhängigkeit 48 f.
absolute Häufigkeit 30 ff.
absoluter Fehler 83, 85 f.
Additionsgesetz 46
Alternativfolge 51
alternierende Folge 5
arithmetische Folge 8, 10
ausgeschlossenes Spielsystem 33
Auswahl 32

*Bayes*sche Regel 54
Beobachtungsreihe 30
*Bernoulli*sche Folgen 34
*Bernoulli*sches Theorem 31
beschränkte Folgen 5, 10, 12, 15
Bestimmung von π 39

Cornu 88

Dispersion 90
Divisionsgesetz 54
Doppelfolge 24 ff., 61 ff.
Dörge 34

Ereignisfolge 35 ff.
Ereignisintervall 61
experimentelle Bestimmung von π 39

Fehlerarten 83 f.
Fehler des Mittelwertes 85, 88
Fehlerrechnung 83 ff.
Folgenverbindung 47

Gauß 84, 89 f.
*Gauß*sche Fehlerfunktion 79 ff., 96
*Gauß-Laplace*sche Integralformel 79 ff., 96
*Gauß*sche Verteilung 79 ff., 96
Genauigkeitsmaß 79 ff.
geometrische Folge 8, 9
Gesamtwahrscheinlichkeit 80, 96
Gesetz der großen Zahlen 30
gleichmäßige Konvergenz 26

Gleichmöglichkeit 1
Gleichverteilung 55
Grenzwert 4 ff.
Großzahlforschung 75 ff.

Häufigkeit 30 ff.
Häufigkeitslehre 75
Häufungspunkt 4 ff.

Iteration 68 ff.
Iterationsproblem 61, 68 ff.

Kamke 35 ff.
Kollektiv 33
Konvergenz 12 f.
v. Kries 1
Kritik der Wahrscheinlichkeitsrechnung 1 ff.

Laplace 79, 96
Lebenserwartung 78
Lexis 90
limes 13, 15
limes inferior 23 f.
limes superior 23 f.

Marbe 68 ff.
maximale Wahrscheinlichkeit 31, 79
*Mendel*sche Gesetze 92 f.
Merkmal 30 ff.
Merkmalmischung 46
Merkmalverbindung 48
Meßwerte 83 ff.
Methode der kleinsten Quadrate 89 f.
v. Mises 1 f., 30, 33, 35, 42, 69
Mittelwert 85
mittlere quadratische Abweichung 86 f
mittlerer Fehler 86
monotone Folgen 5, 11 f., 15
Monotonie 5
Multiplikationsgesetze 49 f., 52

Nadelproblem 38
*Newton*sche Formel 60
Normalverteilung 90

Oberer Grenzwert 23 f.

Parallelenbrett 38, 41
periodische Folgen 42 ff.
prozentualer Fehler 83

Regellosigkeit 33 f.
relative Häufigkeit 30 ff.
relativer Fehler 83
Relativverbindung 51

Scheinbarer Fehler 85, 87
Sicherheit 36
simultane Wahrscheinlichkeitsfolge 62 ff.
Simultanlimes 24 ff., 62 ff.
Standardabweichung 86
Statistik 75 ff.
Stellenauswahl 32
Sterbetafel 95
Streuung 81, 86 f.
systematischer Fehler 83

Teilung 53
Tschebyscheff 2, 55 ff.

Umfassendes Merkmal 53
Unabhängigkeit 35, 48 f.
Unmöglichkeit 36
unterer Grenzwert 23 f.
unvermeidlicher Fehler 83
Urnenaufgaben 58 f.

Verbindung 47 f.
Verteilung 55

Wahrscheinlicher Fehler 87 f.
Wahrscheinlichkeit a posteriori 2 f., 33, 35 f., 38
Wahrscheinlichkeit a priori 2, 36
Wahrscheinlichkeitsdichte 79, 96
Wahrscheinlichkeitsfolge 36 ff., 62 ff.
Wolf 38

Zahlenfolge 4 ff.
Zirkelschluß 1
zufälliger Fehler 83 f.
zweifach unendliche Zahlenfolge 24 ff.